全国高等院校计算机基础教育研究会发布

China Fundamental-Computing Curricula 2024

中国高等院校计算机基础教育课程体系 2024

中国高等院校计算机基础教育改革课题研究组 编著

清华大学出版社
北京

内 容 简 介

全国高等院校计算机基础教育研究会与清华大学出版社联合出版的《中国高等院校计算机基础教育课程体系 2024》是在 2004 版、2006 版、2008 版、2014 版的基础上修订而成的。它对我国高等院校计算机基础教育发展历程进行了系统的分析，对全国高等院校计算机基础教育研究会 40 年的工作进行了全面的总结，是指导我国高等院校计算机基础教学改革的重要文件。

全书共 4 部分。第 1 部分是课题研究的背景与指导思想，第 2 部分是计算机基础教学课程体系，第 3 部分是典型课程参考方案，第 4 部分是计算机基础教育实施过程中的重要问题。

本书可供高等院校计算机基础教育一线教师、教学管理人员以及研究和关心计算机基础教育人士参考。

版权所有，侵权必究。举报：010-62782989，beiqinquan@tup.tsinghua.edu.cn。

图书在版编目（CIP）数据

中国高等院校计算机基础教育课程体系. 2024 / 中国高等院校计算机基础教育改革课题研究组编著. -- 北京：清华大学出版社, 2024. 10.
ISBN 978-7-302-67533-4

Ⅰ. TP3-42

中国国家版本馆CIP数据核字第20240KJ437号

责任编辑：袁勤勇
封面设计：常雪影
责任校对：郝美丽
责任印制：沈　露

出版发行：清华大学出版社
网　　址：https://www.tup.com.cn，https://www.wqxuetang.com
地　　址：北京清华大学学研大厦 A 座　　邮　编：100084
社　总　机：010-83470000　　邮　购：010-62786544
投稿与读者服务：010-62776969，c-service@tup.tsinghua.edu.cn
质量反馈：010-62772015，zhiliang@tup.tsinghua.edu.cn
课件下载：https://www.tup.com.cn，010-83470236

印装者：三河市龙大印装有限公司
经　销：全国新华书店
开　本：180mm×235mm　　印　张：11.5　　字　数：255 千字
版　次：2024 年 11 月第 1 版　　印　次：2024 年 11 月第 1 次印刷
定　价：58.00 元

产品编号：107280-01

中国高等院校计算机基础教育改革课题研究组成员名单

（CFC 2024 版）

组　　长：黄心渊（中国传媒大学）
副组长：王志强（深圳大学）　　　　杨志强（同济大学）
　　　　何钦铭（浙江大学）　　　　桂小林（西安交通大学）
秘书长：赵广辉（武汉理工大学）

成　　员（以姓名汉语拼音为序）：

　　　　安志远（北华航天工业学院）　陈宇峰（北京理工大学）
　　　　杜小勇（中国人民大学）　　　耿国华（西北大学）
　　　　郭俊奇（北京师范大学）　　　郝兴伟（山东大学）
　　　　淮永建（北京林业大学）　　　李　畅（江苏经贸职业技术学院）
　　　　李凤霞（北京理工大学）　　　李吉梅（北京语言大学）
　　　　李湘梅（同济大学）　　　　　李振波（中国农业大学）
　　　　刘贵龙（北京语言大学）　　　卢虹冰（空军军医大学）
　　　　吕　欣（中国传媒大学）　　　吕英华（东北师范大学）
　　　　王万良（浙江工业大学）　　　王移芝（北京交通大学）
　　　　温　涛（大连东软信息学院）　夏　翃（首都医科大学）
　　　　杨长兴（中南大学）　　　　　杨小平（中国人民大学）
　　　　杨　枫（清华大学出版社）　　袁　方（河北大学）
　　　　袁勤勇（清华大学出版社）　　张　钢（天津大学）
　　　　张　民（清华大学出版社）　　赵生慧（滁州学院）
　　　　郑　莉（清华大学）　　　　　周文洁（安徽师范大学）

前　言

当前，新一轮科技革命和产业变革深入发展，人工智能、大数据、云计算和信息通信等新技术构成了数字化转型的强大引擎。特别是人工智能的飞速发展和广泛渗透，为众多学科领域注入了新的活力，预示着人们的生活、工作、学习和思维方式将迎来颠覆性的变革。因此，需要探讨如何有效地运用新一代信息技术，培养学生的计算思维、数字能力和数字素养，确保学生能够适应数字化时代。

面向高校非计算机专业学生开设计算机通识课程，应像大学数学、大学物理一样，成为各专业必修的基础课程。通过该课程的学习提高学生的数字能力和数字素养，力求做到传承计算文化、弘扬计算科学、培养计算思维，使学生体验计算的乐趣，感悟计算之美。根据科技发展新趋势，优化计算机基础教育人才培养模式，为发展新质生产力、推动高质量发展而培养具备跨学科融合创新能力的复合型人才。

为了推进我国高校计算机基础教育的发展，全国高等院校计算机基础教育研究会与清华大学出版社共同发起成立了"中国高等院校计算机基础教育改革课题研究组"（以下简称"研究组"），并于 2004 年 7 月出版了研究组的第一版课题报告《中国高等院校计算机基础教育课程体系 2004》（以下简称 CFC 2004），之后相继修订出版了 CFC 2006、CFC 2008 和 CFC 2014。

CFC 2004 发布后，得到很多高校从事计算机基础教育的教师肯定与积极响应。教师普遍反映课题报告全面、系统地总结了我国高校计算机基础教育的基本经验，明确了计算机基础教育的指导思想。2005 年 1 月召开了《中国高等院校计算机基础教育课程体系 2004》课题报告鉴定会。以李未院士为主任的鉴定委员会审查了 CFC 2004 的内容，充分肯定了报告提出的指导思想和教学理念，认为"该成果具有开创性、针对性、前瞻性和可操作性，符合我国国情，对发展我国高校计算机基础教育具有重要的指导意义，达到了国内领先水平"。

2024 年是全国高等院校计算机基础教育研究会（以下简称"研究会"）40 周年华诞。研究会会长会议决定成立 CFC 2024 修订研究组，结合我国经济与社会发展新形势、第四次科技革命和产业变革对高校计算机基础教育的新要求，以及计算机、人工智能技术与应用发展趋势，开展 CFC 2024 的修订任务。CFC 2024 修订研究组成立后，认真研究了 CFC 2004、CFC 2006、CFC 2008 和 CFC 2014 等文档，广泛地开展了调研工作，听取了从事计算机基础教育一线教师的意见与建议。结合 CFC 2024 写作提纲，动员多所高校计算机基础教育一线教师，以各个学校教学改革的成功经验为蓝本起草了文档初稿。通过会议讨论与会下交流等多种方式，多次征求修改意见与建议。

CFC 2024 的指导思想是：以计算思维为核心，推进大学计算机课程教学内容的改革；以应用能力为导向，完善复合型人才实验教学体系的建设；以人工智能为引领，培养具备专业和智能思维的创新人才。

CFC 2024 正文分为 4 部分共 13 章。第 1 部分包括 3 章，第 1 章提出计算机基础教育的机遇与挑战，简要介绍了新一代信息技术、计算思维、新工科和信创对计算机基础教育的影响；第 2 章介绍计算机基础教育的发展历史、现状和经验总结；第 3 章为计算机基础教育的指导原则，包含定位、理念和教师基本素质。第 2 部分包括两章，第 4 章介绍计算机基础课程体系的演变和设计思路；第 5 章介绍理工类、医学类、农林类、文科类、财经类、艺术类和师范类各专业计算机基础课程体系参考方案。第 3 部分包括 3 章，第 6 章介绍理工类、文科类、医学类和农林类各专业大学计算机课程参考方案，以及人工智能导论课程参考方案；第 7 章是各类程序设计课程参考方案；第 8 章介绍技术型交叉型课程参考方案。第 4 部分包括 5 章，第 9 章介绍师资队伍建设和虚拟教研室；第 10 章介绍计算机基础教材建设和新形态教材；第 11 章介绍计算机基础课程建设，包含 CAI、网络课程、国家精品课程、国家精品开放课程、慕课和国家一流课程等；第 12 章介绍教学环境和教学模式以及数字化教学平台；第 13 章介绍计算机基础教学典型的学生竞赛。

在完成 CFC 2024 修订工作之际，研究组成员要特别感谢老一辈的研究会会长谭浩强、吴文虎、刘瑞挺教授，以及以冯博琴、吴功宜教授为代表，在 CFC 2004、CFC 2006、CFC 2008 和 CFC 2014 写作中发挥了重要作用的老师们，感谢他们为 CFC 2024 修订打下的坚实基础。

在研究会黄心渊会长的指导下，深圳大学王志强，同济大学杨志强、李湘梅，山东大学郝兴伟，河北大学袁方和武汉理工大学赵广辉承担了很多组织与协调、写作与统编工作。研究会各专业委员会的老师对 CFC 2024 的修订工作给予了大力支持。正是有大家的共同努力，才有可能完成 CFC 2024 的修订任务。研究组在此一并表示感谢。

感谢教育部高等学校大学计算机课程教学指导委员会的指导。

感谢清华大学出版社的大力支持。

中国高等院校计算机基础教育改革课题研究组
2024 年 8 月

目 录

第1部分 课题研究的背景与指导思想

第1章 机遇与挑战 3
- 1.1 信息技术与社会信息化的发展趋势 3
  - 1.1.1 新一代信息技术简介 3
  - 1.1.2 中国互联网应用发展状况 7
  - 1.1.3 社会信息化的发展及趋势 8
  - 1.1.4 社会信息化对大学生就业的影响 9
- 1.2 计算思维对计算机基础教育的影响 10
  - 1.2.1 计算思维及其分类 11
  - 1.2.2 计算思维的教学理念 14
  - 1.2.3 计算科学和计算文化 15
- 1.3 新工科及"四新"建设对计算机基础教育的影响 17
- 1.4 信创产业对计算机基础教育的影响 19

第2章 历史经验与现状 21
- 2.1 计算机基础教育的历史回顾 21
  - 2.1.1 计算机普及的第一次高潮 21
  - 2.1.2 计算机普及的第二次高潮 22
  - 2.1.3 计算机普及的第三次高潮 22
  - 2.1.4 计算机普及的第四次高潮 23
- 2.2 计算机基础教育的基本经验 24
  - 2.2.1 坚持面向应用、培养计算思维 24
  - 2.2.2 防止四个混淆、注意四个区别 25
  - 2.2.3 采用新的教学"三部曲" 26
  - 2.2.4 处理好十个关系 26
- 2.3 计算机基础教育的现状 28
  - 2.3.1 计算机基础教育的不断发展 28
  - 2.3.2 计算机基础教育面临的挑战 29

第3章 计算机基础教育的指导原则 32
- 3.1 计算机基础教育的定位 32

3.2 计算机基础教育的理念 34
3.3 计算机基础教育工作者的素质 35

第 2 部分　计算机基础教学课程体系

第 4 章　计算机基础课程体系的设计 39
4.1 计算机基础课程体系的演变 39
4.2 计算机基础课程体系的设计思路 41

第 5 章　计算机基础课程体系参考方案 43
5.1 理工类专业计算机基础课程体系 43
5.2 医学类专业计算机基础课程体系 44
5.3 农林类专业计算机基础课程体系 45
5.4 文科类专业计算机基础课程体系 47
5.5 财经类专业计算机基础课程体系 49
5.6 艺术类专业计算机基础课程体系 49
5.7 师范类专业计算机基础课程体系 51

第 3 部分　典型课程参考方案

第 6 章　大学计算机类课程参考方案 55
6.1 大学计算机类课程改革的必要性和方向 55
6.2 大学计算机（理工类） 56
6.3 大学计算机（文科类） 59
6.4 大学计算机（医学类） 62
6.5 大学计算机（农林类） 66
6.6 人工智能导论 70

第 7 章　程序设计类课程参考方案 74
7.1 程序设计类课程改革的必要性和方向 74
7.2 C 程序设计 75
7.3 C++程序设计 78
7.4 Python 程序设计 81
7.5 Java 程序设计 83
7.6 VB.NET 程序设计 86
7.7 微信小程序开发 89

第8章 技术型交叉型课程参考方案 ··········· 93

- 8.1 技术型交叉型课程改革的必要性和方向 ········· 93
- 8.2 办公软件高级应用 ··········· 94
- 8.3 数据库技术及应用 ··········· 96
- 8.4 多媒体技术及应用 ··········· 98
- 8.5 计算机网络及应用 ··········· 100
- 8.6 物联网导论 ··········· 102
- 8.7 人工智能及其应用 ··········· 104
- 8.8 大模型技术及应用 ··········· 107
- 8.9 区块链技术与应用 ··········· 109
- 8.10 信息检索与利用 ··········· 111
- 8.11 数据库与程序设计 ··········· 114
- 8.12 Python 数据分析 ··········· 116
- 8.13 数据分析与可视化 ··········· 118
- 8.14 大数据技术及应用 ··········· 121
- 8.15 虚拟现实技术 ··········· 122
- 8.16 计算机艺术基础 ··········· 124
- 8.17 医学数据挖掘 ··········· 127
- 8.18 医学图像处理 ··········· 129
- 8.19 智慧农业导论 ··········· 131
- 8.20 教育数字化 ··········· 134

第4部分 计算机基础教育实施过程中的重要问题

第9章 师资队伍建设 ··········· 139

- 9.1 师资队伍基本情况 ··········· 139
- 9.2 师资队伍建设措施 ··········· 140
- 9.3 虚拟教研室 ··········· 142

第10章 教材建设 ··········· 143

- 10.1 计算机基础教育教材的现状 ··········· 143
- 10.2 计算机基础教育教材的评价标准 ··········· 145
- 10.3 计算机基础教育教材的建设理念 ··········· 146
- 10.4 计算机基础教育教材体系 ··········· 147
- 10.5 计算机基础教育新形态教材 ··········· 149

第 11 章 课程建设 · 150

11.1 网络课程与精品课程建设 · 150
11.1.1 网络课程的形式及特点 · 150
11.1.2 精品课程建设 · 151

11.2 国家精品开放课程建设 · 152
11.2.1 精品视频公开课 · 152
11.2.2 精品资源共享课 · 153

11.3 慕课与一流课程 · 153
11.3.1 慕课及其特点 · 153
11.3.2 慕课的发展 · 154
11.3.3 一流课程 · 154

11.4 课程数字化建设 · 155

第 12 章 教学模式与数字化转型 · 156

12.1 教学环境与教学模式 · 156
12.1.1 教学环境的发展 · 156
12.1.2 教学模式的变化 · 158

12.2 课堂授课工具软件 · 159

12.3 在线教学资源平台 · 161
12.3.1 新一代教学资源平台 · 161
12.3.2 教学资源平台云架构 · 162
12.3.3 在线教学资源平台应用 · 163

12.4 线上线下混合式教学 · 163
12.4.1 混合式教学的内涵 · 163
12.4.2 混合式教学的实施 · 164
12.4.3 翻转课堂教学模式 · 165

12.5 AIGC 技术赋能教与学 · 165

第 13 章 计算机竞赛 · 168

13.1 计算机竞赛发展概况 · 168

13.2 计算机基础教学典型竞赛 · 170
13.2.1 中国大学生计算机设计大赛 · 170
13.2.2 全国大学生计算机应用能力与信息（数字）素养大赛 · 171
13.2.3 程序设计类竞赛 · 171

参考文献 · 173

第 1 部分　课题研究的背景与指导思想

通过回顾和总结高等院校计算机基础教育 40 年来的成功经验，研究计算机、人工智能和信息通信产业的发展对大学计算机基础教育的影响，以及国家对教育的中长期发展规划提出新的、更高的要求，了解社会发展对大学毕业生人才知识结构与计算思维、数字素养要求的影响，会使我们对大学计算机基础教育的受教育者的社会环境、生活背景和学习基础的变化有比较深入的认识，对于从事大学计算机基础教育的教师研究如何面向数智时代社会进步与技术发展，重新审视、修订教学体系和课程大纲，研究教学内容、教学方法与新形态教材，对于《中国高等院校计算机基础教育课程体系 2024》（以下简称 CFC 2024）的修订具有重要的指导作用。

第1章 机遇与挑战

在高速发展的信息时代，对于从事大学计算机基础教育的老师，面临着知识快速更新、教学亟待改革的挑战。只有对未来计算机基础教育的受教育者的学习基础与渴望获取的知识，以及信息社会对复合型人才知识结构与信息技术应用能力的需求有清晰的认识，才能够正确地指导大学计算机基础教育的改革。社会需求为大学计算机基础教育提供了很好的发展与改革的机会、条件。机遇与挑战同在，必须积极面对挑战，敢于改革创新，走出一条中国特色的大学计算机基础教育之路。

1.1 信息技术与社会信息化的发展趋势

当前，新一轮科技革命与产业变革的浪潮席卷全球，各国新兴产业发展千帆竞发，百舸争流。以人工智能、大数据、云计算、物联网、区块链、5G/6G 技术、虚拟现实和元宇宙技术为代表的新一代信息技术的快速发展，与人类社会生产、学习和生活的深度融合，深刻影响和改变着人类的生产方式、生活方式和思维模式。

1.1.1 新一代信息技术简介

新一代信息技术包括但不限于以下几方面。

1. 人工智能

人工智能（artificial intelligence，AI）是研究用于模拟和延伸人类智能的理论、方法及应用的一门技术科学。人工智能是一门极富挑战性的学科，从事这项工作的人必须了解计算机科学、逻辑学、生物学、心理学和哲学等相关知识。

人工智能技术通过计算机技术和算法，让计算机模拟人类的思维和行为，实现自主学习、推理和决策的能力。人工智能技术是计算机科学的一个发展方向，主要应用计算机实现高层次智能应用，构建智能处理系统，使所用领域实现智能控制，部分替代人类脑力劳动。人工智能技术与工业、农业、医疗、教育和军事等领域相互融合，使各行各业快速地实现智能化，切实融入人们的工作、学习和生活之中。

目前生成式人工智能已成为业界热点，它是利用复杂的算法、模型和规则，从大规模数据集中学习，创造新的原创内容的人工智能技术。这项技术从单一的语言生成逐步向多模态发展。生成式人工智能可以实现高效、普适、创新的智能服务，为人类社会带来巨大的价值和影响。

美国一些知名的研究机构和企业，如 OpenAI、谷歌、Meta（原名 Facebook）和微软等，都在研发并发布先进的生成式人工智能模型和应用，如 GhatGPT、Gemini 和 Llama 等。这些模型和应用可以生成高质量的文本、图像、音乐和视频等内容，展示了人工智能的创造力和想象力。

中国一些知名的企业和科研机构，如百度、阿里、华为等，也在积极探索和研发生成式人工智能模型和应用，如文心一言、通义千问和盘古大模型等。这些模型和应用可以生成流畅和连贯的文本、逼真和多样的图像、原创和风格化的音乐等内容，展示了人工智能的潜力和魅力。

2. 大数据

大数据（big data）泛指大规模、超大规模的数据集，通常大小是 TB、PB 或 EB、ZB 级的数据集。与传统数据集不同，大数据不一定存储于固定的数据库中，而是分布在不同地方的网络空间中。大数据不一定只是结构化二维表数据，而是以半结构化、非结构化为主的纯文本或多模态数据，具有较高的复杂性。因此，大数据有海量的数据规模、快速的数据流转、多样的数据类型和价值密度低四大特征。

大数据技术是用于处理大规模数据集的技术和工具，它包括数据采集、存储、处理、分析和可视化等方面的技术。大数据技术的目标是从大量数据中提取有用的信息和洞见，通过分布式计算、云计算、机器学习和人工智能技术实现数据的处理和分析。大数据技术的发展使得人们能够更加深入地了解数据背后的规律和信息，为用户决策提供科学的依据。

大数据是数字经济的关键生产要素。通过数据资源的有效利用以及开放的数据生态体系使得数字价值充分释放，驱动传统产业的数字化转型升级和新业态的培育发展，大数据在与各个领域融合发展的过程中，催生出许多新型的业务形态，例如商业智能、金融风控、交通流量和路线、农情大数据监测和快餐业的视频分析等。总之，大数据能够帮助企业和政府更好地理解和解决实际问题，提高生产力和服务水平。

3. 云计算

云计算（cloud computing）是一种分布式计算模式，它的计算资源（包括计算能力、存储能力和交互能力）是动态和可伸缩的，并以服务的方式提供。云计算可以根据用户的需求动态地分配和调度计算资源，实现资源的最大化利用。云计算具有五大特征，即基于互联网、按需服务、资源池化、安全可靠和资源可控。

云计算技术是一种基于互联网的计算模式和服务模式，其三大服务模式分别是基础设施即服务（IaaS）、平台即服务（PaaS）和软件即服务（SaaS）。云计算技术融合了分布式计算、效用计算、负载均衡、并行计算、网络存储、热备份冗余和虚拟化等多种计算机技术，为用户提供强大的网络服务。

云计算技术的广泛应用包括云服务提供商，如阿里云、腾讯云、华为云和西部数码以及 AWS、Azure、GCP 和 IBM Cloud 等，它们为用户提供了从基础设施到软件的各种服务。云计算技术的应用涵盖了多个行业和领域，如金融行业、制造行业、教育行业、医疗行业和政务体系等，此外云计算技术还应用于网络游戏、视频平台和电商平台等领域，为用户提供高效、流畅的服务体验。

4. 物联网

计算机网络技术最成功的应用是互联网。互联网正沿着"移动互联网—物联网"的轨迹快速发展，潜移默化地融入各行各业与社会的各方面，改变了人们的生活方式、工作方式与思维方式，深刻地影响着各国政治、经济、科学、教育与产业发展模式。

将传感器或射频标签 RFID 芯片嵌入电网、建筑物、桥梁、公路、铁路，以及我们周围的环境和各种物体之中，并且将这些物体互联成网，形成物联网（Internet of Things, IoT），实现信息世界与物理世界的融合，使人类对客观世界具有更加全面的感知能力，更加透彻的认知能力，更加智慧的处理能力。简单地说，物联网就是互联网从人向物的延伸。

人工智能、云计算、大数据、5G、边缘计算、区块链等新一代信息技术与物联网的交叉融合推动了物联网向智能物联网（AI&IOT，AIOT）的方向快速发展。智能物联网将广泛应用于智能工业、智能农业、智能交通、智能医疗、智能物流、智能电网、智能安防、智能家居、智慧城市等领域，最终达到"感知智能、认知智能与控制智能"的更高境界。

5. 区块链

区块链（blockchain）是一种块链式存储、不可篡改、安全可信的去中心化分布式账本，它结合了分布式存储、点对点传输、共识机制和密码学等技术，通过不断增长的数据块链记录交易和信息，确保数据的透明性和安全。区块链具有去中心化、不可篡改、透明、安全和可编程等特点。

区块链技术主要包含 4 方面，即分布式账本、共识机制、加密技术和智能合约。广义来说，区块链技术是利用块链式数据结构来验证与存储数据，利用分布式节点共识算法来生成和更新数据，利用密码学方式保证数据传输和访问的安全，利用自动化脚本代码组成的智能合约来编程和操作数据的一种分布式基础架构与计算范式。

区块链技术作为一种技术方案可以有效地解决信任问题，实现价值的自由传递，在数字货币、股权众筹、供应链管理、医疗教育、数字政务和数据服务等领域有着广阔的应用前景。尽管面临着可扩展性和法规挑战，但它已经成为改变传统商业和社会模式的强大工具，在未来具有巨大潜力。

6. 5G/6G 技术

从 1G 到 4G，移动通信的核心是人与人之间的通信，个人的通信是移动通信的核心业务。但是，5G 的通信不仅是人的通信，而且还是物联网、工业自动化、无人驾驶等通信业务，通信从人与人之间的通信，开始转向人与物的通信，直到机器与机器之间的通信。目前，5G 已在世界范围内大规模部署，各国更是将 6G 列入未来几年的重要发展方向。

第五代移动通信技术（5th Generation Mobile Communication Technology，简称 5G）面向移动互联网和物联网，旨在提供更高的数据传输速度、更低的延迟和更好的设备连接能力。5G 提供 10Gbps 的峰值数据吞吐量和 100Mbps 的用户体验数据速率，并将延迟降低到仅 1ms。此外，5G 还将提高定位精度，实现厘米级精度，并支持更多的机器对机器（M2M）连接。5G 技术在智能制造、交通、医疗、教育和智慧城市等有着广泛的应用。

第六代移动通信技术（6th Generation Mobile Communication Technology，简称 6G）使用广谱，包括高达太赫兹的新光谱范围，将定位推向新的水平。6G 将提供 1Tbps 的最大数据速率，并将用户体验的数据速率提高到 1Gbps，频谱效率将是 5G 的近一倍以上。6G 通信网络将在 5G 基础上全面支持世界的数字化，结合人工智能技术实现智能的泛在可取、赋能万事万物。

5G/6G 技术将提供强大的算力支撑未来虚拟与现实结合的元宇宙，因为元宇宙需要大规模、低时延、高可靠的计算能力。物理世界的人和人、人和物、物和物之间可以通过数字化世界来传递信息，元宇宙是物理世界的模拟和预测，将帮助人类更进一步解放自我，提高生活质量，提升整个社会生产和治理效率。

7. 虚拟现实/元宇宙技术

虚拟现实（virtual reality，VR）是以计算机技术为主，综合利用三维图形技术、多媒体技术、仿真技术和伺服技术等高科技手段，模拟生成逼真的三维视觉、听觉、触觉、嗅觉和味觉等多感官体验的虚拟环境，用户借助特殊的输入和输出设备，通过自然的方式与虚拟环境中的对象进行交互，从而产生身临其境的感受和体验。而元宇宙是指运用数字技术构建的，由现实世界映射或超越的，可与现实世界交互的虚拟世界。

虚拟现实技术的基本特征是沉浸感、交互性和想象力，其应用范围广泛，涵盖了医疗、军事、游戏、教育、工业仿真、房地产、旅游、地理和元宇宙等领域。其中，在元宇宙中，用户可以参与各种活动，如社交、娱乐、工作和学习等，这些活动可以通过虚拟现实技术来实现。例如，在社交方面，虚拟现实技术可以让用户在元宇宙中与他人进行实时互动，通过虚拟的身体语言和表情来传达情感，实现真实的社交体验。在娱乐方面，虚拟现实技术可以为用户提供丰富多样的游戏和娱乐活动，如虚拟音乐会、虚拟旅行等。

虚拟现实技术与区块链、人工智能、3D 建模等其他技术相结合，为元宇宙的创建和运营提供强大的支撑。区块链可用于创建元宇宙的数字资产和智能合约，确保交易的安全性和可追溯性；人工智能可用于创建智能代理人和自动化任务，使元宇宙更加智能化和自主；3D 建模和渲染技术可用于创建逼真的虚拟场景和角色，提供更加沉浸式的虚拟体验。

以人工智能、大数据、云计算、物联网、区块链、5G/6G、虚拟现实和元宇宙为代表的新一代信息技术创新活跃，从技术领域拓展到经济、社会和文化等领域，成为重塑经济模式、社会治理模式的结构性力量。在应用新一代信息技术的过程中，需要注意数据的隐私和安全问题，同时还需要关注技术的可靠性和稳定性。只有充分掌握新一代信息技术的特点和规律，才能更好地应用这些技术，推动社会的进步和发展。

1.1.2　中国互联网应用发展状况

人们生活在网络时代，互联网的应用已经深刻地影响每个人的工作、学习和生活的各方面。了解大学计算机基础教育潜在的受教育者的学习基础与获取知识的需求，必须分析他们在当今网络时代的学习和生活环境、信息获取方式与行为特征。

2024年3月22日，中国互联网络信息中心（CNNIC）发布了《第53次中国互联网络发展状况统计报告》。在网络基础资源方面，我国域名总数、IPv6活跃用户数、移动电话基站总数等关键指标均保持增长。截至2023年12月底，我国域名总数为3160万个，IPv6活跃用户数达7.62亿，移动电话基站总数达1162万个，其中5G基站数量也在不断增加。这些基础设施的完善为互联网应用的快速发展提供了有力支撑。

在网民规模方面，中国互联网用户规模持续增长。截至2023年12月底，我国网民规模为10.92亿人，互联网普及率达77.5%。手机网民规模为10.91亿，网民中使用手机上网的比例为99.9%。这一庞大的用户群体为互联网应用的发展提供了广阔的市场空间。另外，我国网民的年龄结构如图1-1所示。

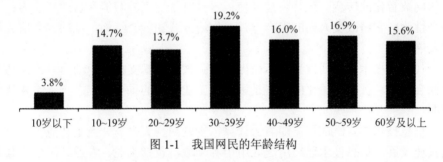

图1-1　我国网民的年龄结构

2023年，年龄在10~19岁的网民数量达到1.6亿，这些网民中的一部分人将逐年进入大学的学习阶段，这些人正是大学计算机基础教育潜在的教育对象，也是互联网中最活跃的人群。他们掌握互联网知识的程度、获取知识的方式和行为特征，直接影响他们进入大学之后希望进一步获得的知识、学习方式与交流方式，也将影响大学计算机基础教学体系、教学内容和教学方式的改革方向。

我国各类互联网应用不断深化，用户规模持续增长，推动"使用互联网的个人比例"（individuals using the Internet）达到90.6%。其中，网络视频（含短视频）、即时通信、网络支付等用户规模庞大，使用率高。网约车、在线旅行预订、网络购物等领域都呈现良好发展势头，为广大网民的衣食住行提供全方位数字生活体验。

总之，中国互联网应用发展状况呈现出快速增长、多元化发展、创新突破等特点。未来，随着科技的不断进步和市场的不断扩大，中国互联网应用将继续保持强劲的发展势头，为经济社会发展注入新的动力。社会信息化的普及与应用能力的提升也深刻地影响着大学计算机基础教育的发展。

1.1.3 社会信息化的发展及趋势

随着科学技术的不断发展，人类经历了 4 次工业革命，都是人类社会发展的重要里程碑。每一次工业革命带来了生产力的巨大飞跃和社会结构的深刻变化，而社会信息化的发展则进一步加速了这一过程，使得知识和信息成为推动社会进步的关键要素。

第一次工业革命大约从 1760 年到 1840 年，以蒸汽机的发明和应用为标志，实现了从手工业到机械化的转变，人类社会进入机械时代。

第二次工业革命大约从 1870 年到 1930 年，以发电机、电力的应用为标志，实现了从机械化向电气化的转变，人类社会进入电气时代。1882 年爱迪生建立了第一座发电厂，电力的大规模应用促进了通信技术的发展，如电话、无线电的发明。

第三次工业革命大约从 1950 年到 20 世纪末，以计算机、互联网的应用为标志，实现了从电气化到信息化的转变，人类社会进入信息时代。由于信息通信技术的发展，加速了全球化和信息化进程。

第四次工业革命大约从 21 世纪初开始，以人工智能、大数据的应用为标志，实现了从信息化向数智化的转变。这些新技术使机器具有了更高的智能和自适应能力，也使生产更加个性化。它将改变人们的生产方式、生活方式和社会结构，推动社会信息化向更高层次发展。

新一代信息技术为第四次工业革命提供了强大的技术支持和驱动力量，推动了产业融合和社会变革。社会信息化的发展是第四次工业革命的重要特征之一，主要体现在以下几方面。

（1）信息技术的广泛应用：随着云计算、物联网、大数据、人工智能等新一代信息技术的快速发展，信息技术已经广泛应用于各领域，包括工业、农业、医疗、教育和金融等领域。这些新技术的应用极大地提高了社会生产力和生产效率，推动了社会信息化的发展。

（2）数字资源的开发利用：在第四次工业革命中，数字资源成为重要的生产要素。通过对数字资源的开发利用，可以实现资源的优化配置，提高资源利用效率。

（3）通信网络的普及和发展：随着 5G/F5G、物联网等技术的发展，通信网络已经普及到社会的各个领域。通信网络的普及和发展为社会信息化提供了重要的基础设施支撑，使数字资源的共享和利用更加便捷。

社会信息化是以新一代信息技术和网络设施为基础，将数字资源充分应用到社会各个领域的过程。社会信息化涉及政治、经济、文化、教育和生活等方方面面，它标志着新技术革命的深入发展，影响和改变着人类的生产方式、学习方式和管理模式。

社会信息化是信息化的高级阶段，与工业化相互对应，工业化是信息化的物质基础，而信息化是工业向更高层次发展的技术环境。工业化的目标是开发利用物质和能源资源，向社会提供丰富的物质产品；而信息化的目标是开发利用数字资源，提高社会各领域信息技术应用和数字资源开发利用的水平，为社会提供更高质量的产品和服务，促进全社会信息化。

例如，教育信息化是社会信息化的一个重要方面。联合国教科文组织将教育信息化发展过程分为 4 个阶段，即起步阶段、应用阶段、融合阶段和创新阶段。这 4 个阶段反映了教育信息化发展的客观规律，表明发展阶段之间存在相互联系、依次递进的关系，为理解和推动教育信息化发展提供了重要的参考。

社会信息化的发展趋势可以说是多元化、智能化、数字化和普及化。

（1）多元化：随着信息技术的快速发展，数字资源的种类和来源越来越丰富，包括文字、图片、音频和视频等多种形式。这使得人们可以更加全面、深入地了解世界，促进了信息的交流和共享。

（2）智能化：人工智能、大数据等技术的应用，使得信息系统具备了更高的智能化水平。例如，智能语音助手可以帮助人们完成日程安排、信息查询等任务；大模型 ChatGPT 不仅可以回答用户各种问题，还可以完成撰写文案、翻译、编写代码和写论文等任务。

（3）数字化：将现实世界中的事物、信息等，通过数字技术的手段，转化为计算机可以处理的数字形式，从而实现信息的存储、传输和处理。而数字化转型则是利用这些数字技术来全面改革组织的运营方式和业务模式。

（4）普及化：随着信息技术的普及和应用，越来越多的人开始接触和使用信息系统。例如，智能手机、平板电脑和 PC 等设备的普及，使得人们可以随时随地获取和使用信息。

总之，社会信息化的发展趋势是一个不断演进的过程。随着新技术的不断创新和应用，未来的社会信息化将呈现信息技术全面普及、社会高度智能化、生活数字化、信息化与工业化深度融合等趋势和特征。同时也需要关注信息安全等问题，确保信息化发展的可持续性和稳定性。

1.1.4 社会信息化对大学生就业的影响

分析潜在的大学计算机基础课程受教育者的工作与生活环境、行为特征之后，还需研究社会信息化（包括政务信息化、企业信息化等）的发展对大学毕业生就业环境，以及对大学毕业生计算机知识结构与能力要求的影响。

政务信息化发展为大学生提供了更多的就业机会与挑战。政务信息化的发展意味着政府需要更多的技术人员来维护、更新和运营相关的信息系统，同时还推动私营企业中与政务相关的行业发展，如电子政务解决方案提供商、数据分析服务公司等。大学生需要积极适应市场的变化，不断提升自己的综合素质和专业技能，以应对未来的就业挑战。

企业信息化发展对大学生就业环境的影响是积极的。随着企业信息化的发展，新的行业和岗位不断涌现。例如，互联网、大数据和人工智能等领域的就业需求不断增加，这为大学生提供了更多的就业岗位和发展空间。这些岗位不仅要求大学生具备扎实的专业知识，还需要他们掌握信息技术、数据分析和决策支持等知识，以及持续学习能力、团队协作能力和责任心、诚信意识等。

企业要生存和发展，要参与国际竞争，就必须在计算机、互联网和人工智能、大数据应用水平上有很大的提升。企业需要大量既掌握相关领域的专业技术，同时又具备计算机与信息技术应用能力的复合型人才。大学计算机基础教育在复合型、创新人才培养中,要与各专业协商或合作,成为复合型人才培养重要的组成部分。因此,复合型创新人才的培养也对从事大学计算机基础教育的教师提出了更高的要求。

随着信息技术的迅速发展和广泛应用,社会信息化已成为当今时代不可逆转的趋势。这种信息化浪潮不仅改变了人们的生活方式、工作模式和思维观念,也对大学生的就业环境产生了深远的影响。

下面从多方面讨论社会信息化发展对大学生就业环境的影响。

1. 就业信息获取的便利化

在过去,大学生获取就业信息主要通过招聘会、报纸、学校公告等传统渠道,信息获取有限且时效性差。在信息化时代,大学生可以通过网络平台获取大量的就业信息。无论是招聘网站、社交媒体还是企业官网,都提供了丰富的就业资源和信息。这些平台不仅信息更新快,而且覆盖面广,使得大学生可以全面地了解就业市场的情况。

2. 就业市场的透明度提高

社会信息化的发展使得就业市场的信息更加透明。大学生可以通过网络平台了解不同行业、不同单位的发展状况、薪资水平和福利待遇等信息,从而更加准确地评估自己的职业定位和发展方向。随着人工智能和大数据技术的广泛应用,许多传统岗位逐渐被自动化替代,这就要求大学生必须不断学习新知识、新技能,以适应社会变化的需求。

3. 就业和创业环境的扩大

随着"互联网+"战略的深入推进,许多新兴行业(如电子商务、互联网金融、在线教育等)蓬勃发展,为大学生提供了更多的就业机会和发展空间。信息化的发展还为大学生创业提供了便捷的条件。通过网络平台,大学生可以更加容易地获取创业资源、寻找合作伙伴、推广产品和服务。此外,政府和社会也提供了许多创业扶持政策和服务,为大学生创业提供了更加宽松和有利的环境。

4. 远程就业成为未来方向

社会信息化的发展为远程就业提供了可能。通过互联网和移动设备,大学生可以在家中或者其他地点进行在线工作,实现灵活和自由的就业方式。这种就业模式不仅节省了通勤时间和成本,还使得大学生可以更加专注于工作本身,提高工作效率和生活质量。

社会信息化的发展对大学生就业环境产生了深远的影响。面对这些变化和挑战,大学生需要积极适应信息化时代的要求,不断提升自身的综合素质和专业能力;同时还需要关注社会的需求和变化,选择适合自己的就业方向和职业道路。只有这样,才能在激烈的就业竞争中脱颖而出,实现自己的职业梦想和人生价值。

1.2 计算思维对计算机基础教育的影响

科学思维是认识自然界、社会和人类意识的本质与客观规律性的思维活动。如果从人类认识世界和改造世界的思维方式出发,科学思维可分为理论思维、实验思维和计算思维，分别对应于理论科学、实验科学和计算科学。

1.2.1　计算思维及其分类

1. 计算思维的定义

目前国际上广泛使用的计算思维（computational thinking）是由美国周以真教授提出的，即计算思维是运用计算机科学的基础概念去求解问题、设计系统和理解人类行为的涵盖了计算机科学之广度的一系列思维活动。

计算思维的其他解释还有如下 3 种。

Wikipedia（维基百科）：计算思维是一种新的计算机科学技术广泛使用的问题求解方法，它利用算法可以高效率地求解大规模复杂问题。

R. Karp 计算透镜观点：在自然的、工程的和社会的系统中，很多过程都是自然计算的，它执行信息的变换，计算作为一种通用的思维方式。

中国科学院陈国良院士观点：计算思维是利用泛指的计算（CS、CE、C、IS、IT 等）的基础概念，求解问题、设计系统、理解人类行为的一种方法（approach）。它合用（share）了数学思维（求解问题的方法）、工程思维（设计、评价大型复杂系统）和科学思维（理解可计算性、智能、心理和人类行为）。

2. 计算思维的分类

计算思维是指具有计算功能的思维活动。从思维方式和认知过程的角度来看，计算思维可分为逻辑思维、抽象思维和创新思维等；从解决问题的方式和应用领域的角度来看，计算思维又可分为系统思维、网络思维、算法思维、数据思维和智能思维等。充分认识、深刻理解和灵活运用这些思维活动的方法和规律，对于如何运用计算机进行问题求解、系统设计和人类行为理解具有十分重要的意义。

（1）系统思维与系统能力。

所谓系统是指各要素以一定的联系组成的结构与功能统一的整体，而系统思维是把研究对象作为系统，从系统与要素、要素与要素、系统与环境的相互联系、相互作用中综合考察研究对象的一种思维方式。它要求人们在认识事物和改造事物的过程中，从整体出发，处理好系统与要素、全局与局部的关系。

系统思维的核心思想是整体性观点。它主张从系统整体角度出发，着眼于系统内部各要素之间的联系和相互作用，从整体上去认识局部，再综合到整体，这是分析和考察事物的基本方法之一。古希腊亚里士多德的名言"整体大于部分之和"就是对系统整体性的有力表述。例如，计算机硬件系统是由运算器、控制器、存储器、输入设备和输出设备五大部件组成的，这五大部件连接起来就远超过任一部件，其计算能力和记忆能力还远远超过人类。

系统思维的另一思想是动态性观点。任何系统都是在一定环境中产生、成长、运行、维持和演化，而系统自身对环境也有影响和作用。例如，计算机软件系统的产生、开发、运行、维护以及升级换代就符合这个规律。正是在这一规律的作用下，计算机软件界才会不断涌现出各种新思想和新软件，从而保持着软件系统的生命力和活力。

当然，系统思维还有结构性、层次性和开放性等特性。由于系统思维的最终目的是帮助人们更加清楚地看见复杂事件背后运作的简单结构，使人类社会不再那么复杂。因此，系统思维对人们的学习、工作和生活很重要，每个人都应培养自己的系统思维能力。

从计算科学的角度来看，系统思维是一种对计算机系统的逻辑抽象能力，系统思维从整体的视角来理解计算机内部结构、外部接口和系统架构，机器代码、汇编程序与 C 程序的关系，以及它们与底层架构的关系。

计算机系统能力是指运用系统思维的观点，掌握计算机软硬件协同工作以及相互作用，并实现系统构建及优化的能力。要培养学生的系统能力，就要站在系统的高度考虑和解决应用问题，具有系统层面的认知和设计能力，即能够对软硬件功能进行合理划分，能够对系统不同层次进行抽象，能够对系统的整体性能进行分析，能够根据不同的应用要求合理构建系统框架等。要具备这些能力，显然需要提高学生对整个计算机系统实现机理的认识。

ACM/IEEE CS 2013 将原有的 14 个知识领域扩展到 18 个知识领域，明确增加了"系统基础 SF"，重点强调系统知识和系统能力的培养。而 CC 2020 延续了这种方案。计算机系统能力核心是在掌握计算系统原理的基础上，熟悉如何进一步开发构建以计算系统为核心的应用系统。这需要学生更多地掌握计算系统内部各软硬件部分的关联关系与逻辑层次，了解计算系统呈现的外部特性以及与人和物理世界的交互模式。

（2）网络科学与网络思维。

当前的大学计算机课程内容都包括计算机网络基础，但主要是从技术角度展开的。一般包括计算机网络的基本概念、网络体系结构、互联网及其应用（如 TCP/IP、IP 地址和域名、互连设备、接入方式、浏览器、电子邮件和搜索引擎等），以及网络安全等。没有提高到网络科学和网络思维的认识水平。

网络科学是系统地研究网络结构和动态行为，并将网络应用到很多领域的理论基础。这些领域包括社会网络分析，协作网络，人造的涌现系统（电力网、互联网），物理科学系统（相变、浸透理论）和生命科学系统（传染病、遗传学）等。

为了全面刻画网络科学的性质，研究者已经提出了网络科学的许多基本概念、特征量和度量方法，用于表示网络的拓扑结构特性和动力学性质。它们主要包括结点、边、度、权、子图、路径长度、结点度分布、强关系、弱关系、自组织性等。网络科学正在成为一门新兴的快速发展的交叉科学，已经得到自然科学、工程科学和社会科学等领域的广泛关注。

网络思维是将一个看来困难的问题转换为图论中的经典问题，从而获得解决问题的方法。它是通过某种联系将个体组成系统，其特征是开放性、协同性和系统性。网络思维是一种群体思维或社会思维，它是依靠群体行动求解社会复杂问题的方法。利用网络思维的方法进行问题求解包括利用群体智能进行问题求解和依靠社会计算实现行动合作。因此，网络思维是"我为人人，人人为我"协作共享的道德品质。

无论是自然界还是人类社会，网络无处不在。如何寻找网络科学或网络思维的核心概念和基本方法，使它们既支持互联网和电力网，也支持社会关系网、生物网络和病毒传播网等。那么，这些基本概念和方法就是大学计算机课程所要寻找的基础性和普适性的网络知识，以便应对网络正在改变人们的现实世界，也必将创造人类的未来世界。

（3）算法科学与算法思维。

算法科学是系统地研究算法的设计、分析和验证的学科。其中，算法设计是指创作算法的过程和研究有代表性的、好的创作策略，算法分析是指对算法效率的确定，算法验证则是指证明算法的正确性。算法是一个很古老的数学概念，最基本的算法是加减乘除。现代计算机出现以来，人们不断地应用计算机算法求解一些大型和复杂的数学问题。

算法科学主要涉及的课程有数值分析、计算方法、优化理论与方法、算法设计与分析、计算智能和运筹学等。从古老的算术算法、排序算法、简单图论到近现代出现的计算图论、贪心算法、分治算法、动态规划、随机算法、群体智能算法和人工神经网络，以及 NP 复杂性理论。算法科学涉及的应用领域包括经济、社会、科学和工程等许多方面，与其他学科结合诞生了计算物理学、计算力学、计算化学、计算经济学和计算社会学等。因此，算法科学在大学计算机基础教育中具有一定的基础性和普适性。

算法思维可以看作人与机器共通的思维形式。所谓算法思维就是表示这样一个过程：它由一系列规定好的有限操作步骤组成，并能解决某一特定的问题。在生产实践中，任何产品的制造过程都是一个确定的算法，对生产工序的优化过程，就是要构造操作步骤更少、更经济的生产算法。因此，没有算法思维，就不可能有现代意义的大工业生产。

目前，人们通过程序去指挥计算机解决各种问题，而程序仅仅是用某种计算机语言所描述或表达的算法。因此，算法设计是程序设计的核心和基础。从这个意义上说，计算机科学就是研究算法的构造与实现的科学。算法思维是学习计算机科学技术的最基本思维方式。算法如同数学、哲学和自然语言一样，是人类一种强有力的通用智慧工具。

（4）数据科学与数据思维。

数据科学是一门综合性的学科，涉及统计学、计算机科学、领域知识等多领域，旨在从数据中提取知识和见解。数据科学家利用各种技术和工具来收集、清洗、分析和解释数据，以便为组织和企业做出更明智的决策。数据科学家通常需要具备编程、统计学、机器学习、数据可视化等技能，以便处理和分析大规模的数据集。

麦肯锡咨询公司给出的大数据定义是指所涉及的数据集规模已经超过了传统数据库软件获取、存储、管理和分析的能力。大数据的特征是大容量、多样性、高价值和快速度。大数据既是一种工具，又是一种战略、世界观和文化，要大力推广和树立"数据文化"。大学计算机课程教学对象是所有大学新生，他们将来会从事各行各业的工作，使学生理解大数据分析方法将有利于今后对各自专业领域进行有效的分析和规律发现。

数据思维是指一种以数据为中心的思考方式和方法论。它强调通过数据来理解问题、做出决策和解决挑战。数据思维要求个人和组织在面对问题时首先考虑如何收集、分析和利用数据来支持决策和行动。借助数据思维，可以创新信息服务模式、扩大信息服务范围和提高信息服务质量，同时也可为其他社会组织提供大数据源和创造信息价值。

因此，数据科学和数据思维都围绕着数据展开，但侧重点不同。数据科学更注重技术和方法的应用，以解决实际问题，而数据思维更注重在日常思考和决策中将数据作为重要的参考和支持。数据科学是一门学科，而数据思维是一种思考方式。两者共同促进了数据驱动决策和行动的发展。

（5）人工智能与智能思维。

人工智能是研究、开发用于模拟、延伸和扩展人类智能的理论、方法、技术及应用系统的一门新的技术科学，其核心目标是通过编写精妙的算法和程序，使计算机能够具备像人类一样的分析、决策和学习能力。人工智能的应用领域非常广泛，包括但不限于机器人技术、语言识别、图像识别、自然语言处理、专家系统、机器学习以及计算机视觉等多个重要方向。特别值得关注的是，人工智能与数学、计算机科学、物理学、生物学、心理学、社会学以及法学等多个学科之间存在着交叉与融合，这种跨学科的特性为人工智能的发展和应用提供了广阔的空间和无限的可能性。

人工智能大模型所带来的治理挑战不容小觑。在ChatGPT发布之前，已有三个版本的GPT模型。令人惊奇的是从GTP-2到GTP-3的跨越中，当神经网络的参数规模从十几亿增加到1750亿时，智能的火花开始闪耀。人的大脑约有1000亿个神经元和近100万亿个神经连接，而ChatGPT的神经网络参数规模达到千亿级别，同样展现了智能。从规模的维度来看，大模型已具备数千亿参数，这样的规模使模型能够学习和掌握大量的模式与常识，甚至具备了一定的推理能力。

智能思维是一个复杂且多维度的概念，它涉及心理学、认知科学、科技和教育等多个领域。尽管在不同领域内，智能思维的定义和特点各有差异，但其核心要素始终包括逻辑推理、批判性思维、创造性思维以及问题解决能力。这些能力使个体能够灵活应对各种复杂情境，做出合理的判断，并创造出新的价值。通过不断培养和发展智能思维，个人和组织将能够更加高效地应对挑战，顺利实现既定目标。

智能思维与人工智能密切相关，它代表了一种独特的思考方式，即利用人工智能技术来模仿和拓展人类的思维过程，以解决现实世界中的复杂问题。例如，借助深度学习技术，我们可以实现自主学习和创新能力的显著提升。同时，人类也需要不断地锻炼和提升自己的智能思维能力，以便更好地与人工智能进行协同工作，共同创造更大的价值。

随着科技的不断进步和社会需求的日益增长，人工智能与智能思维的融合发展前景愈发广阔。展望未来，我们有充分的理由期待更加智能化、个性化的产品和服务不断涌现，它们将以前所未有的便捷和高效体验，为人类的生产和生活带来颠覆性的变革。

1.2.2　计算思维的教学理念

计算与科学紧密相连。计算不仅是一种数据分析的工具，更是一种用于思考和发现的方法。这种观点的形成经历了曲折的过程：计算作为一个学术研究领域始于20世纪30年代，主要标志是由哥德尔（1934）、丘奇（1936）和图灵（1936）等发表的一系列重要论文。这些研究者敏锐地意识到自动计算的重要性，并探讨了实现自动计算的不同模型，后来研发了第一代自动计算机。到 20 世纪 50 年代计算被称为信息处理，60 年代计算被称为计算机科学或信息学，80 年代计算领域包括计算机科学、信息学、计算科学、计算机工程、软件工程、信息系统和信息技术等，到 1990 年，计算已成为引用这些领域的标准术语。

计算思维的教学理念是以计算的思维方式和方法为基础，通过教育培养学生具备问题求解、数据分析和系统设计的能力。它强调培养学生的逻辑思维、抽象思维和创新思维，让他们能够更好地适应信息化社会的发展需求。

具体来说，计算思维的教学理念包括以下几方面。

（1）问题求解能力：培养学生分析和解决问题的能力，让他们学会运用计算科学的方法和工具解决实际问题，包括分解问题、设计算法和编制程序等。

（2）数据分析能力：教育学生如何处理和分析大量数据，包括数据的收集、整理、分析和可视化，培养他们运用数据来支持决策和解决问题的能力。

（3）系统设计能力：引导学生学习如何设计和构建系统，包括软件系统、硬件系统以及人机交互系统，培养他们理解系统原理和优化系统性能的能力。

（4）创新思维：鼓励学生在解决问题和设计系统的过程中发挥创造力，培养他们提出新颖想法、创新方法和解决方案的能力。

计算思维不仅是计算机专业学生应该具备的能力，也是所有专业大学生应该具备的能力。通过学习计算思维，使学生能够借助计算机解决各自专业领域复杂的工程问题。为了更好地培养学生的计算思维能力，还需要不断探索和实践新的教学方法和策略。例如，可以采用项目式学习、问题式学习等教学方法，让学生在实践中学习和运用计算思维；同时也可以利用信息技术手段，如多媒体教学、在线学习等来提高学生的学习效果和学习体验。

大学计算机基础课程作为通识教育的主要核心课程，通过高质量教育可以提高学生的计算机素质、信息素养和数字素养，力求做到传承计算文化、弘扬计算科学，培养计算思维，使学生体验计算的快乐、感悟计算之美。

中国科学院陈国良院士曾说道："我们要提倡计算思维在教育和科研中的作用，将计算思维引入大学计算机基础课程中，振兴大学的计算机教育。我们要激发学生对计算科学的兴趣和热爱以及快乐和力量，要传承计算文化，体现计算之美，展示学科魅力。我们要致力于使计算思维成为公众的常识和人们普遍的思考方式，将计算思维真正融入人类的一切活动之中。当我们这样做时，计算思维就是引导计算机教育家、研究者和实践者的一个宏大愿景，其意义可谓'事在当代，功在千秋'。"

1.2.3 计算科学和计算文化

从计算的角度来说，计算科学（computational science）是一种由数学模型构建、定量分析方法及利用计算机来分析和解决科学问题的研究领域，它包括计算物理学、计算化学、生物信息学、计算社交网络和计算心脏病学等。

从计算机的角度来说，计算科学是应用高性能计算能力预测和了解实际世界物质运动或复杂现象演化规律的科学，它包括数值模拟、工程仿真、高效计算机系统和应用软件等。目前，计算科学已经成为科学技术发展和重大工程设计中具有战略意义的研究手段，它与传统的理论研究和实验研究一起，成为促进重大科学发现和科技发展的战略支撑技术，是提高国家自主创新能力和核心竞争力的关键技术因素之一。

计算机科学（computer science）是研究计算机及其周围各种现象和规律的科学，它分为理论计算机科学和应用计算机科学两部分。理论计算机科学包括计算理论、信息与编码理论、算法与数据结构、程序设计语言理论、形式化方法、并行和分布式计算系统以及数据库和信息检索等。应用计算机科学包括人工智能、计算机系统结构与工程、计算机图形学、计算机视觉、计算机安全和密码学、信息科学以及软件工程等。计算机科学根植于数学、电子工程和语言学，它是科学、工程和艺术的结晶。

计算文化（computational culture）是指计算的思想、方法、观点等的演变史。它通过计算和计算机科学教育及其发展过程中典型的人物与事迹，体现了计算对促进人类社会进步和科技发展的作用及其与各种文化的关系。

通过计算文化的教育，可以让学生了解计算科学与人类社会发展的关系，为学生展现计算之美，从而使学生对计算科学产生兴趣。计算文化是计算学科所蕴含的文化，人们理解计算文化首先要对计算的本质有清晰的认识。

人类对计算本质的认识经历了3个阶段。

1. 计算手段器械化

计算手段的器械化是计算科学的基本属性。在古代，人类社会最早使用手指、结绳、算筹等方式进行计算。在公元1000多年，中国人发明了算盘。1614年，法国的 B. Pascal 受钟表齿轮传动装置的影响，制造了能够进行加法和减法运算的加法机。1673年，德国人 G. W. Leibniz 设计制造了能够进行加、减、乘、除的计算轮，为手摇计算机的发展奠定了理论基础。到了19世纪30年代，英国人 C. Babbage 设计了能用于计算对数、三角函数等的分析机。以上这些计算工具的特点都是机械式的，无法实现自动计算。到了20世纪，美国人 V. Bush 研制了能求解微分方程的电子模拟计算机；20世纪40年代，德国人 K. Zuse 和美国人 H. Aiken 研制了用继电器作为部件的二进制机电式程序控制计算机；到了二十世纪四五十年代，美国研制了第一代电子管数字计算机 ENIAC 和 EDVAC。

2. 计算描述形式化

人类对计算本质的真正认识，取决于对计算过程的形式化描述。形式化方法和理论研究起源于数学的基础研究，首先 Russell 发现了 Cantor 集合论的逻辑矛盾，即"罗素悖论"；接着，Hilbert 提出了形式逻辑系统的完备性，即 Hilbert 纲领。但 Gödel 指出了形式系统的不完备性，Hilbert 纲领的失败启发了后人应避免花费大量精力去证明那些不能判定的问题，而应把精力集中于解决问题的"可计算求解性"。图灵从计算一个数的一般过程入手，将可计算性与机械程序和形式化系统的概念统一起来，从而真正开始了对计算本质的研究。图灵计算就是计算者（人或机器）对一条两端可以无限延长的纸带上的 0 和 1 符号执行操作，一步一步地改变纸带上的 0 或 1 值，经过有限步骤最终得到一个满足预先要求的符号变换。这种数学机器虽不是一台具有现代意义上的计算机，但它却是一种操作十分简单且运算能力很强的计算装置，这就是著名的图灵机。

3. 计算过程自动化

当计算机执行的过程能实现自动化时，它才能真正发挥强大无比的计算能力。冯·诺依曼提出了存储程序的概念，将机器所执行操作的步骤（程序）和操作对象（数据）一样都存入计算机的存储器中，这是一个很大的进步，在计算机发展历史上具有革命性的意义。一旦有了存储程序的概念，运算对象和运算指令都一视同仁地存放于存储器中，通过程序计数器，机器就可自动连续运行，无须操作员干预，从而实现了计算过程的全部自动化。

在计算机发展的历程中，出现了一些对计算机发展具有重大意义的事件及其人物，对计算学科的发展产生了深远的影响。例如，计算理论的奠基者 A. M. Turing（阿兰·图灵，1912 年 6 月 23 日—1954 年 6 月 7 日）为计算机科学作出了重大贡献。ACM 专门设立了图灵奖来纪念这位卓越的科学家；图灵奖已经成为计算机科学界的诺贝尔奖。又如，提出了"存储程序式电子数字计算机"概念的 V. Neumann（冯·诺依曼，1903 年 12 月 28 日—1957 年 2 月 8 日），被誉为"计算机之父"。现在各种各样的计算机仍然采用他提出的体系结构，从而又被统称冯·诺依曼计算机。这样的人物还有很多，他们的事迹是计算文化的生动载体，从中可以得到很多启示。

1.3 新工科及"四新"建设对计算机基础教育的影响

自 2017 年初教育部推出新工科计划以来，各级政府、高校和相关企业都在积极探索如何建设新工科。新工科到底是什么？新工科对应的是新经济和新兴产业，首先是针对新兴产业的专业，如人工智能、大数据和智能制造等，也包括传统工科专业的升级改造。与传统工科相比，新工科强调学科的实用性、交叉性与综合性，尤其注重信息通信技术、计算机和软件技术与传统工业技术的紧密结合。

新工科课程是在传统课程的基础上，将技术的最新发展、产业对人才培养的最新要求引入教学过程，更新教学内容和课程体系，建成满足社会发展需要的课程和教材资源。推动教师将研究成果及时转化为教学内容，提高课程兴趣度、学业挑战度。强化学生的家国情怀、全球视野和创新意识，培养学生的计算思维、工程思维和批判性思维，提升学生的跨学科融合能力、沟通协商能力和工程领导力。

新工科理念强调学科之间的交叉与融合，特别是运用计算机技术与传统工业深度融合，未来的工程师必须具备计算机技术与学科融合能力，具备较强的"运用计算机求解问题、设计系统和理解人的行为"的能力。因此，对计算机基础教育提出了更高的要求，同时这也是大学计算机基础教育再次升级的发展机遇。我们应该抓住这一历史契机，将新工科的理念融合到传统的计算机基础教育之中，促进计算机基础课程体系的教学改革与实践。

新工科建设对计算机基础教学产生了多方面的影响。

首先，新工科建设强调了计算机技术与其他工程学科的交叉融合，这意味着计算机基础教学需要注重跨学科的知识整合。传统的计算机基础课程可能更多地关注计算机科学的理论和技术，而新工科背景下的计算机基础教学则需要将这些内容与工程实际相结合，培养学生在不同工程领域中应用计算机技术的能力。

其次，新工科建设注重实践和创新能力的培养。计算机基础教学也应该紧跟这一趋势，加强实践教学环节，通过实验、课程设计、项目实践等方式，让学生有机会亲自动手操作，解决实际问题。同时，计算机基础教学还应该激发学生的创新思维和创业精神，培养学生的自主学习能力和终身学习的意识。

此外，新工科建设还强调了国际化和产教融合的重要性。计算机基础教学需要与国际接轨，引入国际先进的教学理念和教学方法，提高学生的国际竞争力。同时，计算机基础教学也应该加强与产业界的合作，了解产业需求和发展趋势，为产业发展提供有力的复合型人才支撑。

总之，新工科建设对计算机基础教学的影响主要体现在计算机基础知识与其他学科的结合和应用、实践教学环节加强、创新能力培养以及国际化和产教融合等方面。计算机基础教学需要适应这些变化，不断更新教学内容和方法，以适应新时代的需求。

新工科、新医科、新农科和新文科建设的统称"四新"建设，它们的共同之处是以体现时代发展的新理念为指导，面向科技革命、推动产业变革、促进社会进步和培养时代新人。无论是新工科、新医科还是新农科、新文科，都需要学生具备一定的计算机素养和数字技术能力。大学计算机基础教育能够提供学生必要的计算机和数字技术基础知识和技能，为他们在各自领域的应用和创新提供有力支持。

"四新"建设对计算机基础教育提出了新的要求。随着科技的不断进步和产业变革的深入，大学计算机基础教育需要不断更新教学内容和方法。例如，在新工科建设中，需要注重计算机科学与其他学科的交叉融合，培养学生的跨学科素养和创新能力；在新医科建设中，需要强化医学信息化和生物信息学等方面的教学，以适应医学领域的数字化转型。在新农科建设中，需要应用计算机技术和大数据分析，对农业生产进行智能决策和优化管理，提高农业资源的利用率。在新文科建设中，需要应用数据挖掘、可视化等技术手段研究数字人文和呈现人文现象，推动人文学科的数字化转型和发展。

新工科与新医科、新农科交织交融、相互支撑，新文科为新工科、新医科、新农科注入新元素。推进"四新"工作，瞄准的是国家发展的"四力"。新工科提升国家硬实力、新文科提升文化软实力、新农科提升生态成长力、新医科提升全民健康力。国家发展需要硬实力和软实力，也需要健康力和生态成长力，还需要锐实力和巧实力。

1.4 信创产业对计算机基础教育的影响

随着互联网和信息产业的快速发展，以及地缘政治的变化，网络安全风险日益增长。因此，信息技术应用创新产业（简称"信创产业"）的自主可控显得尤为重要。大学计算机基础教育需要关注信创进展并适时介入，这样对国家安全和数字化转型都具有重要的意义。

1. 信创及信创产业

信创，即信息技术应用创新，它与"863 计划""973 计划""核高基"一脉相承，共同构成了我国 IT 产业发展升级的核心策略。信创建设强调从关键环节、核心组件的自主创新出发，首先在政企以及涉及国计民生的行业中进行试点，为国产 IT 厂商提供了一个宝贵的实践创新平台。通过这种方式，逐步建立起中国自主的 IT 底层架构和标准，以期实现全球 IT 生态格局从过去的"一极"向未来的"两极"演变。

中国电子工业标准化技术协会信息技术应用创新工作委员会成立于 2016 年 3 月，是由从事软硬件关键技术研究、应用和服务的单位发起建立的非营利性社会组织，旨在实现信息技术自主可控，规避外部技术制裁和风险。

信创产业以信息技术产品生态体系为基础框架。当前信息技术产业主要由 4 部分组成，即基础硬件（包括芯片、服务器/PC、存储设备和网络设备等），基础软件（包括操作系统、数据库、中间件和云平台软件等），应用软件（包括办公软件、政务软件、ERP 软件和工业软件等），信息/网络安全（包括硬件安全、软件安全和安全服务等）。中国信创产业生态链如图 1-2 所示。

图 1-2 中国信创产业生态链

2. 信创产业的主要产品

信创产业是一个庞大而复杂的产业链，其主要产品包括以下几方面。

（1）基础硬件。

基础硬件包括整机关键部件、核心元器件、存储与备份、外设产品和网络产品等，例如龙芯、飞腾、鲲鹏和申威等通用芯片以及晟鹏 AI 芯片，磁盘阵列、网络存储器、全闪对象存储系统和分布式存储等存储设备，打印终端、高拍仪和智能一体机系统等外设产品，万兆网络卡和网络安全平台等网络产品。这些设备是信创产业的基础，对于保障国家信息安全和推动产业发展具有重要的意义。

（2）基础软件。

基础软件包括操作系统、数据库、中间件和云平台软件等，例如麒麟、统信、红旗、鸿蒙和欧拉等操作系统，达梦、金仓、高斯 DB、TDSQL 和 PolarDB 等数据库管理系统，东方通、宝兰德、TongEasy 和 Apusic 等中间件，电信数智、联想协同和 Desktron 等云平台软件。这些软件是信创产业的核心，为上层应用提供了必要的支撑和保障。

（3）应用软件。

应用软件包括办公软件、政务软件、ERP 软件、支撑软件和工业软件等各类应用软件，例如 WPS Office 和永中等办公软件，政务内部管控系统、数字档案管理系统、公文处理系统、智能文件回收系统和一网通办等政务软件，库存管理系统、采购管理系统、生产管理系统、财物管理系统和企业知识库软件等 ERP 软件，交通治理平台、智能执法办案管理平台、医院信息系统、智慧教育录播系统、无代码开发平台和自动化运维平台等支撑软件，以及中望 CAD、浩辰 CAD、建模系统、图形渲染系统和 RPA 机器人等工业软件。这些软件面向具体的应用场景和需求，为政府、企业等用户提供了丰富的解决方案和服务。

（4）信息安全。

信息安全产品包括网络安全产品、终端安全产品和数据安全产品等，例如防火墙软件、网络入侵防护系统、网络入侵欺骗防御系统、网络病毒预警监测系统、数据脱敏系统、零信任无边界访问控制系统、身份安全管控系统、密码卡、上网行为管理与审计系统和加密威胁情报平台等安全产品。这些产品在保障信息安全、防范网络攻击等方面发挥着重要作用，是信创产业不可或缺的一部分。

除了以上 4 个核心部分，信创产业还包括芯片及设备制造商、软件开发公司、信息服务及云计算企业、电子商务及移动支付企业、内容供应商、网络运营商、互联网安全企业以及应用开发及集成服务企业等多个环节。这些环节相互衔接、相互支撑，共同构成了信创产业的完整产业生态链。

总之，信创产业是一个涉及面广、技术复杂、产业链长的生态体系。它不仅需要掌握核心技术的自主知识产权，还需要加强产业链上下游的协同创新与合作，共同推动产业的快速发展。同时，信创产业也是保障国家信息安全、推动经济高质量发展的重要力量。

第 2 章 历史经验与现状

2.1 计算机基础教育的历史回顾

我国高校计算机基础教育始于 20 世纪 70 年代末至 80 年代初。20 世纪 70 年代，大学只有计算机专业的学生学习计算机课程，其他专业基本上都不开计算机课程。随着计算机在我国的逐步普及，高校计算机基础教育从无到有、从小到大发展起来，成为我国高等教育重要的组成部分。回顾我国高校计算机基础教育发展历史，大致可以划分为四个阶段。

2.1.1 计算机普及的第一次高潮

20 世纪 70 年代末至 80 年代初，全球出现了计算机普及的浪潮。当时出现了向大众普及计算机的三个有利条件：一是 1981 年 8 月，IBM 公司推出了 IBM-PC 及以后开发的各种 PC 兼容机；二是开发出了与 PC 配套的 DOS 操作系统（以及以后开发的汉字输入输出技术）；三是有了适用于 PC 的 BASIC 语言和 dBASE Ⅱ 等软件。

当时我国正值改革开放初期，学习计算机、使用计算机技术成为各行各业的迫切需要。在这种的形势下，许多理工类大学为非计算机专业学生开设了计算机课程，开始了计算机基础教育的起步阶段。

在此期间，一批早期的计算机工作者作出了重要贡献。1980 年 11 月，清华大学谭浩强、田淑清、谢锡迎编著的《BASIC 语言》出版。1981 年 3 月，谭浩强在中央电视台向全社会播讲 BASIC 语言，当年收看人数逾百万，开创了利用电视手段在全国范围内大面积普及计算机知识的先河。

1984 年 10 月，全国高等院校计算机基础教育研究会适时成立，它以研究和推动非计算机专业的计算机教育为己任。1985 年，研究会在全国率先提出了四个层次的教学体系，使大学四年计算机教育不断线。第一层次是计算机基础知识和微机系统的操作使用，第二层次是高级语言程序设计，第三层次是进一步学习软硬件知识，第四层次是结合各专业的计算机应用课程。这个教学体系成为全国大多数高校在非计算机专业中进行计算机课程设置的依据。

在第一次全国计算机普及高潮中，普及对象主要为三类人：高校广大非计算机专业的大学生、部分科技人员和管理人员、部分大城市的中学生。学习计算机的切入点是编程语言，特别是 BASIC 语言。

总之，20 世纪 80 年代是高校计算机基础教育的起步阶段，为日后的发展打下了良好的基础。从此，如何在大学非计算机专业中有效地进行计算机教育就成为计算机教育工作者不断深入研究的重要课题。

2.1.2　计算机普及的第二次高潮

20世纪90年代，全球又出现了一次计算机普及的浪潮。这次普及也有三个有利的技术条件：一是开发出了微机用的奔腾系列CPU芯片；二是开发出了基于图形界面的操作系统；三是开发出了一批采用图形界面的应用软件（包括办公软件、多媒体应用软件等）。这就使计算机走向大众成为可能。

高校计算机基础教育进入快速发展的阶段。在短短几年中，从理工科迅速扩展到财经、管理、农、林、医、师范等专业，继而扩展到文史、政法、艺术、体育等领域。同时也迅速掀起了全国性的第二次计算机普及高潮，普及的对象进一步扩展，包括广大在职干部，如公务人员、科技人员、企事业管理人员等。计算机由课堂走向实际应用，成为各行各业各个岗位的现代工具，计算机应用技能成为各个领域工作人员必须掌握的重要技能。许多部门都把通过计算机考试作为录用、考核、晋级和职称评定的必备条件，计算机知识与应用成为衡量人的素养的一个重要指标。

与此同时，高校计算机基础教育也上了一个新的台阶。20世纪90年代初，国家教育委员会开始重视面向全体大学生的计算机基础教育，1990年成立了工科计算机基础课程指导委员会，1995年又成立了文科计算机教育指导小组。1997年，教育部发布155号文件，全面提出了对大学生进行计算机教育的目标、要求和内容。

20世纪80年代由研究会提出的按层次组织教学的方案已被实践证明为符合实际、切实可行、承认差别而且灵活可操作的方案。根据20世纪90年代计算机发展的特点，研究会把四个层次调整为三个层次，即计算机公共基础、计算机技术基础（包括软件技术基础和硬件技术基础）和计算机应用课程。教育部155号文件提出的三个层次是计算机文化基础、计算机技术基础和计算机应用基础。在该教学方案的指导下，各校根据自己的情况选择层次结构并确定课程。

2.1.3　计算机普及的第三次高潮

进入21世纪，我国计算机及信息技术教育迎来了第三次普及高潮。这次普及的技术前提有三个：互联网技术、多媒体技术和无线接入技术。国家信息化正在全面推进，互联网已悄然进入各个部门和家庭，渗入社会生活的每个角落。人们从来没有像今天这样强烈地感受到计算机和信息技术对社会和个人的深刻影响。第三次全国性的普及高潮将向一切有文化的人普及计算机的知识和应用。

2006年，教育部高等学校计算机科学与技术教学指导委员会发布了《关于进一步加强高等学校计算机基础教学的意见暨计算机基础课程教学基本要求》（简称"白皮书"），它提出了加强计算机基础教学的11条建议，确立"4个领域×3个层次"计算机基础教学内容的总体结构，构建"1+X"课程体系方案，设置"大学计算机基础"等6门核心课程等。

根据教育部的统一规划，2001年开始在高中、2003年开始在城市和发达地区的初中、

2010 年前在全国的小学普遍开设信息技术课程。今后，信息技术知识的初步教育将融入义务教育中，这将为信息技术在全社会的普及应用创造良好的条件。高校计算机基础教育必将在普及的基础上有很大的提高。

2.1.4 计算机普及的第四次高潮

从以上的回顾可以看到：我国第一次计算机普及高潮主要是在学校和科技界，以程序设计为突破口，受众人数以百万计；第二次计算机普及高潮主要是在知识界和在职人员中，以文字处理和办公软件为突破口，受众人数以千万计；第三次计算机普及高潮是面向全社会，以普及网络和信息技术为突破口，受众人数以亿计。计算机及信息技术将成为大学生、中学生和在职人员不可或缺的基本素养。

2010 年前后，我国计算机及信息技术教育迎来了第四次普及高潮。这次普及也有 3 个有利的条件，即计算思维、移动计算和人工智能。受益者除全体国民外，尤其在教师中计算思维的认识普遍得到较大的提升。

2010 年 7 月，北京大学、清华大学和西安交通大学等 9 所高校在西安召开了首届"九校联盟（C9）计算机基础课程研讨会"。会后发表了《九校联盟（C9）计算机基础教学发展战略联合声明》，达成以下四点共识。

（1）计算机基础教学是培养大学生综合素质和创新能力不可或缺的重要环节，是培养复合型创新人才的重要组成部分。

（2）旗帜鲜明地把"计算思维能力的培养"作为计算机基础教学的核心任务。

（3）进一步确立计算机基础教学的基础地位，加强队伍和机制建设。

（4）加强以计算思维能力培养为核心的计算机基础教学课程体系和教学内容的研究。

2012 年 11 月，教育部高教司发布了《关于公布大学计算机课程改革项目名单的通知》（教高司函〔2012〕188 号），批准了"以计算思维为导向的大学计算机基础课程研究"等 22 个项目为大学计算机课程改革项目。该研究项目推动以计算思维能力培养为重点的大学计算机课程改革，提升了大学生的信息素养和计算机应用能力。此时全国掀起了大学计算机课程改革的高潮，这一形势通过知网收录的"计算思维"教研论文数量大幅增加得以证实。这些教学改革的成果，既提高了学生解决各自专业领域复杂问题的能力，又提升了学生的数字素养和实践创新的能力，还提高了计算机基础课教师对计算思维的认知能力。

2023 年 4 月，教育部高等学校大学计算机课程教学指导委员会发布了《新时代大学计算机基础课程教学基本要求》，该要求紧跟新一代信息技术的发展，从信息与社会、平台与计算、程序与算法、数据与智能 4 个维度构建了大学计算机基础课程的通识教学内容，不仅强化对学生计算思维能力的培养，同时也推动人工智能、大数据和物联网等新技术与不同专业的结合和应用。

在自然科学范畴，大学数学、大学物理学有着不可动摇的基础性地位。当今，大学计算机已被提升到与大学数学、大学物理学一样重要的地位。在大学计算机课程中，计算思维能力的培养占据核心地位。计算思维，作为一种普遍的认识和普适的技能，其重要性远远超过计算机学科的范畴，每一个人都应积极学习和应用计算思维。实际上，计算思维是所有工程师或科学家在运用计算手段解决问题时所必须具备的思维模式。它的核心在于构建和运用合适的计算模型，以便有效地解析问题、设计解决方案并预测结果。

2.2 计算机基础教育的基本经验

高校计算机基础教育承担着向各专业学生进行计算机教育的繁重任务，这是关系大学培养质量的一项重要工作。要做好这项工作，有许多问题需要深入研究和探索。这项工作不但牵涉的专业面广，而且基础薄弱，条件较差，无现成模式可供借鉴。40多年来，全国各高校广大计算机教师边工作、边摸索，在实践中积累了许多宝贵的经验，在许多重要的问题上取得了共识，形成了一套符合我国非计算机专业特点、行之有效的教学理念和教学体系，成为今后进一步发展的重要基础。

2.2.1 坚持面向应用、培养计算思维

对非计算机专业学生进行计算机教育的目的并不是要把他们都培养成为计算机专家或专门从事计算机软硬件系统开发的专业人员，而是使他们掌握应用计算机的知识，能够将计算机与信息技术用于其工作领域，成为既熟悉本专业知识又掌握计算机应用技术的复合型创新人才。因此，对非计算机专业学生进行计算机教育，应该是面向各专业学习计算机应用技术，而不是面向计算学科学习计算机技术。计算机基础教育实质上是对广大非计算机专业学生进行计算机应用能力的教育，以及适应计算机技术快速发展的继续学习能力的培养。显然，其教学内容应该和计算机专业有所不同，要根据现在和未来的应用需求来确立知识体系、选择教学内容，而不是根据计算机学科的教学体系来确定课程体系和教学内容。

近年来，在国内兴起的对计算思维的研究有积极意义。因为计算机不仅为各专业领域提供了解决复杂问题的有效方法和手段，而且提供了一种处理问题的思维方式。它对各专业学科的发展产生了深远的影响，改变了相关专业的科技工作者思维方式。应在各领域推广计算机应用，包括计算思维方法的推广应用。

要深入研究面向应用与培养计算思维二者的关系，把二者有机地结合起来。按照应用需求设置课程并进行教学，在教学过程中有意识地培养学生思考和解决问题的能力，学习计算思维方法。

计算思维不是孤立的，它是科学思维的一部分，还有其他的思维（如系统思维、批判性思维和创新思维等）都很重要。剑桥大学提出，要在学生中培养14种科学思维，其中包括计算思维。实际上，在学习和应用计算机的过程中，在培养计算思维的同时，也培养了其他的科学思维（如逻辑思维、实证思维等）。

2.2.2 防止四个混淆、注意四个区别

1. 防止四个混淆

在实际工作中，常常会出现以下几方面的混淆。

（1）混淆计算机专业与非计算机专业的区别。把计算机专业的教学模式、教学内容照搬（或浓缩）到非计算机专业。

（2）混淆计算机专门人才与计算机应用人才的区别。用对计算机专门人才的要求去要求计算机应用人才。

（3）混淆不同专业的区别。试图用一本教材、一份教案去教工科、理科、文史哲等不同的专业，过于强调计算机基础教学的共性，混淆和忽视了不同专业对计算机基础教学的个性化要求。

（4）混淆学校与社会的区别。许多大学教师肩负着向社会进行计算机培训的任务，往往自觉或不自觉地把学校的教学模式搬到社会培训中，要求在职人员去学一些艰深的理论和难懂的术语。这样做效果很不理想，使许多在职人员感到计算机深奥难学，知难而退。

2. 注意四个区别

（1）注意区别非计算机专业与计算机专业的差异性。

非计算机专业与计算机专业在培养目标、学生基础、工作性质、学时等方面都有很大的差别，因此教学要求、教学内容、教学方法以及所用教材都应该是不同的。应当针对各专业的实际需要来构建知识体系和课程体系，创立符合中国国情的、切合非计算机专业特点的计算机基础教育体系。

（2）注意区别计算机专门人才与计算机应用人才的差异性。

计算机人才分为两类：一类是计算机专门人才，他们一般受过计算机专业的专门教育，专门从事计算机理论研究、科研教学或软硬件开发工作，他们是计算机领域中的"专业代表队"；另一类是计算机应用人才，他们一般有自己的专业，同时能熟练使用计算机处理本领域的任务。对他们来说，计算技术为他们创新性地完成各项任务提供了一种重要的思维方式，计算机是他们工作中重要的工具。这两类人才的培养目标、知识结构和学习重点是不相同的。两类人才都是国民经济主战场不可或缺的生力军，在完成重大研究与技术攻关上需要相互协作，缺一不可。

（3）注意区别不同专业计算机基础课程体系与教学内容的差异性。

大学计算机基础教学面对不同的学科和专业的，不同的专业对计算机知识结构与应用能力的要求有共同之处，但是也存在着很多不相同的要求，这就要求从事计算机基础教学的教师需要深入了解不同专业的教学大纲、培养目标，以及对教学的不同要求，研究不同专业教学中的共性与个性。针对不同专业的具体要求，制定符合各类学科与专业要求的计算机基础课程体系与教学内容。

（4）注意区别学校教育与社会培训的差异性。

学校教育是正规的、系统的教育，学制较长，需要学习必要的理论知识，培养信息素养与计算思维，掌握各专业需要的基本计算机应用能力。而对社会上在职人员的计算机教育，实际上是技能培训，完全根据实际工作的需要选择学习内容，急用先学，立竿见影。在职人员学习强调目标明确，精选内容，学以致用，通俗易懂，用最少的时间获取最大的效果。

2.2.3 采用新的教学"三部曲"

必须认真考虑非计算机专业学生的特点，在教学中采取学生容易接受和理解的方式，启发学生的学习兴趣，使他们尽快进入计算机应用的大门。在对非计算机专业进行的计算机应用教育中，不必事事采用从理论入手的方法，要充分运用形象思维，用通俗易懂的方法阐明复杂的概念。要善于把复杂的问题简单化，而不应把简单的问题复杂化。

在传统的理论课程教学中，采用的是"提出概念—解释概念—举例说明"的三部曲，先理论，后实际；先抽象，后具体；先一般，后个别。教师们在计算机基础教学的实践中创造出了"提出问题—解决问题—归纳分析"的新三部曲，从实际到理论，从具体到抽象，从个别到一般。实践证明，这种方法符合计算机应用教育的特点和人们的认识规律，大大降低了学习的难度，取得了很好的效果。

2.2.4 处理好十个关系

通过40年来计算机基础教育的实践，大家认识到应当在教学过程中正确处理好以下十个关系。

1. 理论与应用的关系

对非计算机专业的计算机教育，应当坚持以计算机应用能力培养为导向的教学思想，重视信息素养与计算思维方法的培养，重视研究适合于不同专业的计算机知识体系，构建相应的课程体系，重视复合型创新人才培养的实验教学环境建设。

2. 深度与广度的关系

对非计算机专业，在有限课时的前提下，适度强调"广度优先"，使学生尽可能地对计算机应用知识有较多的了解，知识面宽一些。同时，需要针对不同专业学生提出不同的应用能力要求，研究如何规划出作为本专业计算机应用技术的理论知识重点课程，编写特色鲜明、理论与实际应用能力培养并重的教材。

3. 当前与发展的关系

计算机技术发展迅速，知识更新快，往往当前教学中广泛使用的计算机配置和软件版本，在学生走向社会时就已经落后，一味地"追赶"是不符合计算机技术发展规律的。因此，在计算机基础教学中必须贯彻"授人以渔"的教育思想，强调学生通过课堂教学与自学、实验，依靠自身的努力掌握基本的知识、技能，逐步掌握学习计算机知识与技能正确的学习方法与学习规律，使学生具备继续学习的能力。同时要注意结合专业特色，研究在学习的过程中贯彻计算思维能力的培养，从方法论的层面切实提高学生计算机应用能力。

4. 硬件与软件的关系

在计算机基础教学中，硬件与软件学习的重要性与比重因专业的不同差异很大。对于传统文科，学生只需要了解与应用相关的计算机硬件、软件基本知识，而对于工科（尤其是电子信息类专业）学生，他们需要掌握一定的硬件知识与较强的软件编程能力，要通过实验环节的训练，使学生具备基本的应用系统开发能力。

5. 追踪先进技术与教学内容相对稳定的关系

计算机技术飞速发展，教学内容必须不断更新。但从教学角度，要保持相对稳定性，不能出现一个新软件就改动课程。一般来说，偏重基础或偏重理论的课程应有一定的稳定性，而有关软件使用的课程，应保持所用软件的先进性。同时应要求学生在学习了一种软件的应用后能举一反三、触类旁通。

6. 课堂教学与实践环节的关系

传统的方法是以课堂教学为主，实验只是为了验证课堂教学。计算机应用知识不可能只靠听课就能掌握。计算机基础教学过程中应该压缩课内学时，增加实践和课外自学环节的比重，有的实践性强的课程可以完全通过上机实践来学习。必须大力加强动手实践环节，包括课外作业、编写程序、上机调试、上网工作、参加项目。硬件实验课程可以选择具有代表性、趣味性的开发任务，引导学生通过实践拓展知识。

7. 课程设置与统一考试的关系

不同层次的学校应该有不同的教学计划、教学大纲，使用不同的教材。专业性很强的学校应该根据自身的学科优势、培养目标、专业特点设计符合自身特点的计算机基础课程体系与教学内容。有的学校基本上按照全国或地区计算机统一考试大纲设置课程和确定教学内容。统一考试往往照顾到当前多数的情况，难以照顾不同类型、不同专业的需要；考试大纲往往落后于计算机技术的发展；标准化的试题难以测试出计算机应用的实际能力。课程设置应从实际出发，不受统一考试的束缚，考虑问题应以有利于学生的能力培养为主要原则，要有利于教学质量的提高。学生由于就业的需要，可以自愿参加各种计算机考试，但统一考试只能是对学校教学的一种补充，而不是指挥棒。

8. 计算机课程与其他课程的关系

在制定计算机教育的规划时，除了规划计算机课程外，还应当规划怎样在其他课程中应用计算机技术。只有把计算机应用渗透到各专业课程中，才能做到"四年不断线"，使高校的计算机教育真正全面、深入和持久地进行下去，也才能使学生有机会通过多种途径进行结合本专业的计算机应用实践。计算机基础教学应以服务于各专业教学为目标，在交叉融合中寻求更大的发展空间。

9. 在教学过程中教师与学生的关系

传统的做法是：以教师为中心，学生围着教师转，学生的知识是教师传授的，在教学过程中学生处于被动地位，这不利于培养创造性人才。计算机技术日新月异地发展，要求人们思想活跃，富有创造精神。应提倡学生在教师指导下自主学习知识，教学活动应充分体现"以学生发展为中心""因材施教""能力导向"的特色。

10. 教师完成教学任务与提高教学水平的关系

目前各校从事计算机基础教育的教师承担着面向全校的计算机课程，任务繁重，往往难以保证进修提高的时间。而计算机课程与其他课程相比，知识更新的速度快，对师资要求高。不少计算机基础教师对新知识、新技术学习不够，往往感到力不从心。为了做到可持续发展，必须十分重视计算机师资的培训和知识更新，应该有相应的政策和措施，鼓励教师每年学习新的内容。有的学校将计算机教师进修列入工作量，给予支持和照顾。

以上基本经验概括起来就是：坚持一个方向，注意四个区别，采用新三部曲，处理好十大关系。这些宝贵的经验是对我国40年计算机基础教学实践的总结，也为今后的计算机基础教育的改革奠定了重要的基础。

2.3 计算机基础教育的现状

进入21世纪以来，大多数高校的计算机基础教育已踏上了新的台阶，步入新的发展阶段。课题组对高校计算机基础教育情况进行了调查，研究了计算机基础教育的现状。

2.3.1 计算机基础教育的不断发展

1. 计算机基础教育需要与时俱进

计算机基础教育与时俱进需要从多个方面入手，包括更新课程内容、加强实践教学、引入新技术和与企业合作等。只有这样，才能培养出符合新时代要求的交叉融合型创新人才。

计算机基础教育改革应着重强化计算思维培养和新工科建设。计算思维已成为现代社会的一种基本思维方式。而新工科教育强调学科交叉融合，注重培养学生的实践能力和创新精神。在计算机基础教学中，可以通过引入跨学科的项目来增强学生的实践能力，在实践中学习和掌握计算思维，培养学生的创新精神。

计算机基础教育应紧跟技术发展，不断更新课程内容。引入一些新技术，如人工智能、大数据、信息通信技术等，让学生了解和掌握这些计算机前沿技术。这不仅可以拓展学生的知识面，也可以为他们未来的职业发展打下坚实的基础。与企业合作可以让计算机基础教育更加贴近实际需求。可以邀请企业技术专家来学校授课或开设讲座，让学生了解企业实际应用的场景和技术需求。

2. 人工智能赋能计算机基础教育

随着人工智能技术的迅猛发展和深度融合，越来越多的教师、学生投身于人工智能的学习、研究和实践中。面对人工智能与社会、产业之间日益紧密的联系，如何广泛而深入地培养人工智能素养和能力已成为新时代发展的迫切需求。

将人工智能融入计算机基础教育课程体系，不仅是对智能时代的积极响应，也是培育新时代合格建设者的关键举措。通过引入人工智能工具，能够加深学生对人工智能的理解，还能帮助他们运用这些工具优化学习体验，实现个性化学习。借助于智能化教学手段，如 AI 助教、AI 导学等，能够打造新型教学场景，为学生提供丰富的自主学习数字资源，进而改变他们的学习方式。

例如，南京大学设计出"1+X+Y"人工智能通识课程体系，即一门必修的人工智能通识核心课，X 门人工智能素养课和 Y 门各学科与人工智能深度融合的前沿拓展课。实践是人工智能通识教育的重要部分，各层次的课程都会有相应的实践内容，包括大语言模型应用等。以"课程+项目"为主要形式，让学生直接进入科研机构、头部企业等产学平台，参与前沿的科学研究项目。

3. 计算机基础教师的培训与提高

40 年来，计算机基础教学的师资队伍无论在数量上和质量上都有很大的发展，许多高校已形成一支热爱教育事业、掌握信息技术知识、勇于开拓创新的师资队伍。近年来，很多学校补充了一批计算机专业毕业的博士研究生和硕士研究生，实现了老、中、青三结合。通过国际交流、学术进修、编写教材和虚拟教研室等形式，教师的职业素质和教学水平都有了很大提高，为进一步深化计算机基础教育改革提供了良好的基础。

由从事计算机基础教育的教师组成的全国高等院校计算机基础教育研究会是群众性学术团体，工作十分活跃。各级、各地研究会定期举办各种会议和培训，开展卓有成效的学术活动，提高了从事计算机基础教学的教师的学术水平，活跃了学术气氛，提供了交流园地，组织了教学研究，积累了丰富的经验，对推动我国高校的计算机基础教育起着十分重要的作用。

4. 计算机基础教材建设硕果丰富

近年来，计算机基础教材出版呈现"百花齐放、推陈出新"的可喜局面，涌现出数以千计的适用于计算机基础教学领域的优秀教材，数百种教材被评为各类优秀教材或规划教材。现在几乎所有已开出的计算机基础课程都有我国专家编写的适用教材，保证了计算机基础教育的顺利开展。

在计算机基础教育中，还涌现出一批国家级一流课程，教材建设也朝着数字化教材方向发展。围绕教与学各个环节的教学资源建设已成为教材建设的核心内容。

2.3.2 计算机基础教育面临的挑战

随着信息技术的迅速发展和持续创新，各高校的不同专业对计算机基础教育的需求日益增长，显示出计算机基础教育的整体发展态势良好。然而，面对新的时代背景，大学计算机基础教育在课程体系和教学内容、个性化学习、网络安全和道德教育等方面仍面临着诸多挑战。这些挑战具体表现为以下几方面。

1. 课程体系如何适应"四新"建设需求

2017 年 2 月，教育部在复旦大学召开了高等工程教育发展战略研讨会，会议提出了

"新工科"概念,并定义了新工科内涵特征、建设与发展的路径选择,标志着"新工科"开始走向实践探索。随后,"新医科""新农科""新文科"逐渐被正式推出,"四新"也成为高等教育高质量发展的战略布局。

教育部全面实施系列"101 计划",推进"四新"关键领域核心课程建设。大学计算机基础课程作为高校广泛开设的基础核心课程,是连接"四新"各专业的纽带。目前,计算机基础课程体系包括了计算机基础知识、信息理论、人工智能、大数据、物联网等知识集群。随着计算机前沿技术的加持,ChatGPT、文心一言等新一代 AI 工具层出不穷,对学生计算思维、数字思维等的要求越来越高,建设赋能型的计算机基础课程体系势在必行。

在"四新"专业建设的背景下,如何针对不同专业在新一代信息技术方面的差异化需求,构建大学计算机基础课程体系,实现计算思维+赋能教育的培养目标,为国家战略发展和企业创新提供支撑,是当前面临的重要挑战。

2. 课程内容如何反映技术发展需求

随着信息技术的迅猛发展和全球数字化进程的加速,大学计算机基础课程在高等教育中的地位日益凸显。它不仅关乎学生计算机技能的掌握,更在于培养学生适应未来技术发展和社会需求的能力。因此,大学计算机基础课程内容必须紧密反映技术发展需求,确保教育与时代同步。

成熟、稳定的新一代信息技术应成为大学计算机基础课程的重要教学内容。尤其需要关注计算机技术与其他学科的交叉融合,将计算机技术与其他学科相结合,培养学生的跨学科素养。例如,可以讲述计算机技术在生物学、医学、社会科学等领域的应用,帮助学生理解技术如何改变其他领域的研究与实践。

技术的发展不仅带来了新的工具和平台,更带来了新的思维方式和问题解决方法。大学计算机基础课程应注重培养学生的计算思维和问题解决能力,让他们能够运用计算机技术和方法解决实际问题。因此,如何落实新工科建设路径要求的"问技术发展改课程内容"也是一个重要挑战。

3. 如何满足学生个性化学习的要求

传统的教学方法往往忽视了学生的个性化学习需求。在学生人数多、教师资源有限的情况下,如何调整计算机基础课程的教学策略,以满足学生的个性化学习要求,成为当前教育领域亟待解决的问题。

当前,学生的个性化学习需求主要体现在以下几方面。首先,不同学生的计算机基础水平存在差异,需要因材施教;其次,学生的兴趣点不同,需要开设多样化的计算机基础课程以满足其需求;最后,学生的学习方式和节奏各异,需要灵活多变的教学方法和手段。

计算机基础课程的教学策略可以采用差异化教学、多样化课程设计和线上线下混合式教学方法。差异化教学是根据学生的计算机水平,将学生分为不同的层次,针对不同层次的学生制定不同的教学目标和教学内容。多样化课程设计是结合学生的兴趣点,开设不同的计算机基础课程。教学方法是指采用线上线下混合式教学模式，利用在线教育资源为学生提供自主学习的时间和空间。引入翻转课堂、小组讨论等教学方法，激发学生的学习兴趣和主动性。

例如，利用大数据分析学生的学习行为和习惯，为学生提供个性化的学习建议和推荐资源；通过智能教学系统实现个性化辅导和反馈；利用虚拟现实和元宇宙技术为学生提供沉浸式的学习体验，等等。以某高校为例，该校计算机基础课程采用了线上线下相结合的教学模式，同时引入了大数据分析技术。通过对学生的学习数据进行分析，教师能够了解学生的学习需求和问题，从而提供针对性的指导和帮助。这些措施有效地提高了计算机基础课程的教学质量和学生的学习效果。

大学计算机基础课程的个性化教学是一个长期而复杂的过程，需要教育者不断探索和实践。通过差异化教学、多样化课程设计和灵活多变的教学方法等策略，可以有效地满足学生的个性化学习需求。同时，结合信息技术手段，如大数据分析、智能教学系统等，可以进一步提升个性化教学的效果。展望未来，随着信息技术的不断发展和教育理念的更新，计算机基础课程的个性化教学将更加注重学生的主体性和创新性培养，为学生的全面发展奠定坚实基础。

4. 如何加强网络安全和道德教育

在信息时代，大学计算机基础课程不仅仅是教授学生如何使用计算机和互联网，更重要的是培养学生的数字素养、网络安全意识和道德责任感。当前，网络安全问题层出不穷，个人信息泄露、网络诈骗等事件频发，这凸显了加强网络安全和道德教育的紧迫性。因此，在计算机基础课程中加强网络安全和道德教育具有深远的现实意义。

在计算机基础课程中加强网络安全和道德教育，可以采取以下几种形式。

（1）提升学生自我保护能力：加强网络安全教育，可以帮助学生了解网络安全的基本知识，掌握防范网络攻击的技能，提高自我保护能力。

（2）培养学生道德责任感：道德教育或思政教育是计算机基础教育的重要组成部分，通过道德教育，可以引导学生养成良好的网络行为习惯，增强道德责任感。

（3）促进社会的和谐发展：网络安全和道德教育的加强，有助于减少网络犯罪和不良信息的传播，为社会的和谐发展创造有利条件。

总之，在计算机基础课程中加强网络安全和道德教育，对于提升学生的自我保护能力、培养道德责任感以及促进社会和谐发展具有重要意义。只有这样，才能培养既具备计算机技能又具有良好网络素养和道德品质的优秀科技人才。

第3章 计算机基础教育的指导原则

3.1 计算机基础教育的定位

1. 计算机基础教育是非计算机专业学生的计算机教育

我国非计算机专业学生占全体学生的95%以上,对这部分学生进行计算机教育是提高高等学校教学质量的重要组成部分。

从20世纪80年代开始,在全国高校的非计算机专业中陆续开展了计算机基础教育。当时由于条件限制,一般只开设1~2门课程,带有入门普及的性质。随着计算机科学技术的发展,计算机课程已延伸到高年级,愈来愈多地与专业课程相结合,要求"计算机学习四年不断线"。因此,非计算机专业中的计算机教育既包括计算机应用技术的教育,也包括专业课程中计算机应用方法的教育。计算机基础教育的内涵不断丰富,在时间的跨度上覆盖四年的本科学习阶段,从课程设置上与各专业应用结合更加紧密,成为面向非计算机专业全体大学生的核心课程之一。

应当深入分析非计算机专业学生学习计算机课程的特点,做到准确定位,有的放矢。既要看到与计算机专业具有共性的一面(属于同一学科的教育),又要注意它们之间的差别。非计算机专业学生与计算机专业学生学习计算机的目的不同(不是作为一个专业来学习,而是作为工具来使用),基础不同(例如文科类专业学生与理工类专业学生的基础是不同的),接受能力不同,课时不同,应用方向不同,因此,不要照搬计算机专业的教学内容、教材和教学方法。直接搬用或浓缩计算机专业的教学内容和教材,实践证明是失败的。

在规划计算机基础教育时存在两种不同的做法。一种方法是把计算机应用基础的教育和结合专业的计算机应用教育严格地划分为两个阶段,低年级进行应用基础的教育,高年级进行结合专业的计算机应用教育,分别由两个不同的教学单位负责规划和实施。另一种方法是以专业应用为主线,统一规划计算机应用基础的教育和结合专业的计算机应用教育,不截然划分为两个独立的阶段。不是在学完计算机应用基础知识后再学习计算机应用课程,甚至可以在一年级就开设计算机应用课程。目前多数高校采取第一种做法,它比较容易实施。但是,随着计算机基础教育的深入发展,后一种方式会逐步发展,应当积极探索,积累这方面的经验。

2. 计算机基础教育是以计算机技术为核心的信息技术教育

随着社会信息化的发展,计算机基础的教学内容也应随之变化。目前,计算机基础教育的内涵已经扩展为以计算机技术为核心的信息技术教育。

信息技术是用来实现信息的产生、收集、转换、组织、存储、检索、传输、处理、评价和分发等的技术,涉及范围广泛,内容十分丰富。其主体技术是计算机技术、信息处理技术、通信技术、电子技术和自动化技术,其基础技术是微电子技术。显然,非计算机专业学生不可能涉及所有以上内容,必须根据需要来确定教学内容。

由于习惯的原因,人们仍沿用计算机教育和计算机基础教育等名称,但在使用这些名称时,应对其内涵有更进一步的理解。

3. 计算机基础教育是计算机应用的教育

非计算机专业学生学习信息技术的目的很明确,不是把它作为纯理论的课程来学习,而是作为应用技术来掌握。必须牢固树立以应用为目标的计算机教育的思想,要以应用为出发点、以应用为归宿。

不能认为理论高级、应用低级。理论有初级、中级、高级之分,应用也有初级、中级、高级之分。不应把应用理解为简单操作。应用是分层次的,学生应用的计算机能力可以分为基本操作能力、应用开发能力和研究创新能力3个层次。应用的含义不仅包括对计算机的简单操作和应用软件的使用,更包括了能够综合应用计算机的软硬件知识,通过二次开发解决不同专业的复杂计算问题。从起源来讲,计算思维不是唯一来自计算机科学,而是来自所有科学。例如,生物学以DNA研究开创了生物信息学;化学从理论化学中演变出计算化学,其中的工作甚至获得1998年的化学诺贝尔奖。

怎样理解面向应用呢?面向应用是一个广泛的概念,不仅非计算机专业的计算机基础教育要面向应用,大多数应用型大学的计算机专业也要面向应用,但其各自的含义和做法是不同的。对于非计算机专业学生来说,面向应用意味着要根据应用的需要进行学习,学习的要求是努力掌握一种或几种计算机应用技术。

在教学过程中应处理好以下3个关系。

(1)学习计算机科学技术与计算机应用技术的关系。计算机科学技术与计算机应用技术二者是既有联系又有区别的。计算机科学技术是研究计算机的设计、制造以及利用计算机进行信息获取、表示、存储、处理、控制等的理论、原则、方法和技术的学科。计算机应用技术着重研究计算机用于各个领域所涉及的原理、方法与技术。不同专业的学生,其培养目标不同,学习的内容也不相同。计算机专业学生应当学习计算机科学技术,同时也应学习计算机应用技术,而非计算机专业学生主要应学习计算机应用技术。决不能要求非计算机专业学生按照计算机专业的模式进行学习。

(2)应用和基础知识的关系。面向应用并不排斥学习理论知识,但是不采用"先打基础、后应用"的模式,而是围绕应用学习必要的理论知识。根据应用需要确定基础知识的范围和重点。基础知识应服务于应用目的,不宜脱离应用去系统学习抽象的理论知识。基础理论知识宜结合应用进行学习,够用为度。

(3)应用和培养学生素质的关系。计算机是现代智能工具,它体现了一种新的文化——计算机文化。工具和文化是同一事物的不同侧面,而不是互相分离、各不相干的。通过计算机教育和应用,使学生掌握计算机工具,感受计算机文化,建立现代意识,培养良好素质。在研究对学生的培养目标时,要站在提高信息素养的高度,在落实教学内容、教学方法时,要强调应用的特点。

3.2 计算机基础教育的理念

总结我国 40 年的经验，吸取国外大学的先进经验，在高校开展计算机基础教育应当遵循下面的原则。

1. 面向应用需求

面向应用需求是一个最重要的原则并应该长期坚持的根本方向。要根据不同专业的实际需求来设置课程和选择教学内容。

要深入地理解面向应用的深刻含义。近代科学技术的发展趋势是各学科的互相渗透和交融。尤其是计算机科学技术的迅速发展，推动了各学科的发展和变革。计算机科学不仅渗入而且改造了各学科。计算机技术在各个领域中的广泛应用，深刻地改变了各传统学科，进而衍生出许多新的学科和新的业务领域。现在几乎已经找不到与计算机无关的传统学科。可以说，一门学科，只有运用了计算机学科才是先进的学科。

在非计算机专业中进行计算机教育，不仅使学生学会使用简单的常用工具，掌握简单的计算机技能，还应当引导学生利用计算机技术有效地进行本学科的研究与实践。计算机教育面向应用，就是要面向各专业。不是一般地学习计算机理论知识，而是要使计算机技术全面、深入地与专业结合。要帮助学生了解各自学科的发展趋势以及计算机技术如何帮助他们立足于学科前沿。

2. 技术赋能教育

技术赋能计算机基础教育，关键在于计算思维、信息技术和人工智能的融合应用。计算思维作为解决问题的核心方法，通过逻辑思维、抽象建模等技能，培养学生系统分析和解决问题的能力。信息技术提供了丰富的数字资源和互动平台，让学习更加生动直观。而人工智能技术的应用，则通过智能评估、个性化推荐等方式，让教学更加精准高效。这三者共同支撑起计算机基础教育的现代化发展，为未来培养更多具备创新精神和信息素养的人才。

3. 启发自主学习

教学模式要由以教师为中心改变为在教师指导下的学生自主学习，要加强自学环节，调动学生的学习积极性，使学生由被动学习改变为主动学习；同时强调教育技术在计算机教育中的应用和教学资源的建设，为自主学习创造良好的资源环境。

4. 重视实践环节

计算机应用课程是实践性很强的课程，只靠听课和看书是不够的，必须大力加强实践环节，提升实践环节在教学过程中的地位和作用，善于引导学生通过实践去拓展知识，提高应用能力。在教学过程中安排的实验，其目的不仅是验证有关的结论，更重要的是使学生掌握使用计算机的方法和技能。

5. 树立团队意识

开展计算机应用是一项综合性的工作，一个计算机应用开发项目往往不是一个人能完成的，而是靠一个团队中的多人分工合作完成的。需要在学校学习期间使学生树立起团队精神，学会配合，善于交流，相互支持，取长补短。应创造条件安排学生参加一定的科技实践活动或研究开发课题，在活动中培养团队意识。

6. 培养创新精神

计算机技术正在迅速发展，计算机应用日新月异，需要大批具有创造性的人才。必须十分重视在各个教学环节中培养学生的创新精神，要求学生善于思考，不墨守成规，敢于提出别人未提出过的想法，敢于做别人未做过的事。

这些原则应当贯彻于整个教学过程的始终。

3.3 计算机基础教育工作者的素质

要做好计算机基础教育工作，不仅需要掌握相关业务知识，钻研教学方法，还需要具有良好的精神状态。应当提倡从事计算机基础教育的教师提高以下的素质。

1. 敬业奉献，知难而进

计算机基础教育是一项平凡而意义深远的工作，需要广大教师长期为之奋斗。目前社会上还有一些人对计算机普及的意义认识不足、重视不够，从事计算机基础教育工作的教师可能会比其他老师遇到更多的困难，需要广大的计算机教师充分认识本职工作的意义，努力在平凡的岗位上做出不平凡的贡献。争做"四有"好老师，当好四个"引路人"。

2. 积极探索，大胆创新

我们面临的形势是信息技术迅猛发展，各个领域对信息技术的应用日益迫切，学生的情况不断变化，需要研究的问题很多，例如，研究各专业对计算机应用的需求、非计算机专业学生的特点、学生的认识规律等。围绕立德树人根本任务，结合计算机基础教育的特点，多角度多层面设计思政典型案例，推进课程思政建设，大学计算机基础课程大有可为。

3. 尊重实践，实事求是

要提倡开创性工作，就需要解放思想。要解放思想，就需要立足实际，践行调查研究，实事求是，做到心中有数。

要认真研究中国国情，研究计算机基础教育的现状和问题，在考虑和解决问题时不照搬计算机专业的模式，不受现成方案约束，不照搬国外做法，不迷信专家权威。一切从实际出发，只要被实践证明是正确的东西，要敢于坚持。检验真理的唯一标准是实践，要在实践中总结经验。

4. 注意提高，更新知识

信息技术发展迅速，知识更新的周期缩短，计算机教师需要比其他教师更注意提高自己的业务水平，不断学习新的知识，否则就跟不上信息技术发展的步伐，难以提高教学质量。

第 2 部分　计算机基础教学课程体系

第4章　计算机基础课程体系的设计

计算机技术的发展日新月异，以物联网、云计算、大数据、人工智能和区块链为代表的新一代信息技术与各专业的应用交叉融合，人工智能技术的迅猛发展正在引领新一轮的科技革命和产业变革，正逐步改变人们的学习、工作和生活方式。传统计算机基础课程教学内容和教学方法在日益改进与完善，大学计算机基础课程体系必须不断调整与更新，以适应人工智能时代创新型复合人才的需求，为培养非计算机专业学生的计算思维、信息素养和"智能+"应用技能提供全方位支撑。

4.1 计算机基础课程体系的演变

计算机基础教学课程体系随着计算机基础教育的不断完善与提升，大致经历了以下4个阶段的演变。

1. "四个层次"课程体系

1985年，全国高等院校计算机基础教育研究会提出了非计算机专业计算机基础教育"四个层次"的课程体系，全面规划了非计算机专业的计算机课程设置。这四个层次分别是：第一层次，计算机基本知识和高级语言程序设计；第二层次，微型计算机原理与应用；第三层次，软件技术基础；第四层次，结合各专业开设有关的计算机应用课程。

2. "三个层次五门课程"课程体系

1997年，教育部高等教育司发布了《加强非计算机专业计算机基础教学工作的几点意见》（即155号文件），首次确立了计算机基础教育在大学教育中的重要地位，提出了高校要将计算机课程纳入学校基础课的范畴进行建设。文件提出了工科非计算机专业的计算机基础教学应该达到的基本目标：使学生掌握计算机软硬件技术的基本知识，培养学生在本专业与相关领域中的计算机应用开发能力，培养学生利用计算机分析问题、解决问题的意识，提高学生的计算机文化素质；并且提出了计算机基础教学三个层次的课程体系，即计算机文化基础、计算机技术基础和计算机应用基础。同时还规划了"计算机文化基础""程序设计语言""计算机软件技术基础""计算机硬件技术基础""数据库应用基础"五门课程及其要求。

3. "1+X"与"1+X+Y"课程体系

教育部高等学校计算机科学与技术专业教学指导委员会2006年发布的《关于进一步加强高等学校计算机基础教学的意见暨计算机基础课程教学基本要求》（简称"白皮书"）提出了计算机基础教学"4领域×3层次"的教学内容知识体系总体架构，把计算机基础教学的知识结构分为四个领域：计算机系统与平台、程序设计基础、数据分析与信息处理、应用系统开发；认知层次分为三个层次（概念与基础、技术与方法、应用技能），并在此基础上考虑各专业应用计算机的特点、差异和学时限制，提出了"1+X"的课程体系，即1门"大学计算机基础"（必修）加上几门重点课程（必修或选修）。

2009年，教育部高等学校计算机基础课程教学指导委员会在"白皮书"的基础上，发布了《高等学校计算机基础教学发展战略研究报告暨计算机基础课程教学基本要求》（简称"基本要求"）。"基础要求"进一步针对"1+X"的课程设置方案提出了核心课程的基本要求，并针对不同的学科门类，给出了基于"1+X"课程体系的核心课程组成：

- 理工类。大学计算机基础、程序设计基础、微机原理与接口技术、数据库技术及应用、多媒体技术及应用、计算机网络技术及应用。
- 医药类。大学计算机基础、程序设计基础、数据库技术及应用、多媒体技术及其在医学中的应用、医学成像及处理技术、医学信息分析与决策。
- 农林类。大学计算机基础、程序设计基础、数据库技术及应用、计算机网络技术及应用、数字农（林）业技术基础、农（林）业信息技术应用。

教育部高等学校文科计算机基础教学指导分委员会相继制订了2003版、2006版《高等学校文科类专业大学计算机教学基本要求》，形成了初步的文科计算机教学体系。其中，2003版制订了公共基础（1门）与后续课程（X门）的两层次的教学体系（1+X）；2006版构建了1+X+Y的三层次教学体系：1（计算机大公共课程）+X（文科类别群小公共课程）+Y（具有计算机背景的文科专业课程）。

4."宽、专、融"课程体系

2023年4月，教育部高等学校大学计算机课程教学指导委员会发布了《新时代大学计算机基础课程教学基本要求》，首次提出了"宽、专、融"课程体系。所谓的"宽"是指通识类课程，"专"是指技术型课程，"融"是指交叉型课程，将大学计算机基础教学中的课程大致分为以下三类。

（1）面向基本素养培养的通识型课程：这些课程没有明显的专业指向性，重点培养计算机基础教学中的基本知识、基本原理，包括计算机系统有关的基础知识、计算机基本应用技能、程序设计基本方法、信息技术与社会发展等，最典型的课程是"大学计算机"。

（2）作为计算机应用基础的技术型课程：这类课程有比较明显的专业指向性和较大的专业覆盖性，比较典型的课程有"程序设计""数据库技术与应用""多媒体技术与应用""计算机网络与应用""人工智能导论""物联网技术应用基础""大数据技术应用基础"等。

（3）计算机技术与专业结合的基础性交叉型课程：将计算机技术与专业应用相结合的课程，具有比较明显的专业特征，如"信息产品设计""工业互联网""商务智能""大数据金融""智能医学""智慧农业"等。

由以上三类课程组成有机关联，并具有层次递进的"宽、专、融"课程体系。

4.2 计算机基础课程体系的设计思路

随着人工智能时代的到来，各高校的人才培养目标在不断提高，计算机基础课程体系的设计必须紧跟新一代信息技术发展的步伐，与时俱进，不仅要注重计算思维能力的培养，更应结合各专业的数字化和智能化发展需求，培养非计算机专业学生解决专业应用问题的创新思维能力。

1. 以应用能力为导向设计课程体系

计算机基础课程的授课对象是非计算机专业的学生，他们学习计算机课程的目的是应用计算机技术解决专业领域问题。2008年，全国高等院校计算机基础教育研究会发布的《中国高等院校计算机基础教育课程体系》中就明确提出了从专业的实际应用出发，从社会实际需求出发，"以应用为主线"构建课程体系。并给出了两种设计思路，一是"以计算机应用技术为主体"，二是"直接从应用入手"。这两种设计思路都强调课程内容必须与专业应用相结合，课程内容"以应用优先"为原则，同时兼顾课程内涵的广度与深度。

计算机应用已经渗透到了社会的各个领域，新时代的计算机基础课程体系需围绕计算机与各学科交叉融合的应用场景来设计，进行跨学科整合，凝练出具有学科特色的计算机交叉融合应用课程。

例如，"2+X+Y"面向应用课程体系设计思路：

- "2"指的是计算机通识基础课：大学计算机（必修）与程序设计基础（必修，包括C、C++、Python、Java和VB等）。
- "X"指的是计算机技术应用型课程：数据库技术与应用、多媒体技术与应用、软件技术基础及应用、大数据技术及应用、数据科学基础、物联网技术及应用、人工智能导论等。
- "Y"指的是学科交叉融合应用型课程：智能制造与物联网技术、医疗影像处理与智能诊疗、智慧农业导论、数字产品设计、数字人文与数字经济、商务智能、金融大数据分析等。

2. 以计算思维为核心设计课程体系

美国计算机科学家周以真在2006年提出了计算思维的概念，即运用计算机科学的基础概念进行问题求解、系统设计，以及人类行为理解等涵盖计算机科学之广度的一系列思维活动。针对非计算机专业的大学计算机基础教学，培养计算思维能力需要开设一系列相关的计算机基础课程，在各门课程中融入计算思维的意识和方法，提高学生运用计算机知识抽象问题、形式化描述问题和进行问题求解的能力。

各高校依据自身培养目标和教学计划，对不同类别专业分别开设不同层次的体现计算思维的必修课和选修课。梳理现有计算机基础课程的核心知识点，改革教学内容和教学方法，将计算思维培养建立在知识理解和应用能力培养基础上，对课程的内容不断进行更新与迭代，优化课程内容的组织与设计，把新一代信息技术更好地融入计算机基础课程中，为后续计算机与各学科交叉融合应用型课程奠定坚实的基础。

例如，"1+N"计算机通识教育课程体系的设计思路：
- "1"是指"计算思维"（必修）：典型课程如大学计算机（问题求解）、大学计算机（数据分析）、大学计算机（人工智能）等。
- "N"是指各个学校根据自身学科特色和创新应用需求开设的计算机系列课程（必修或选修），既包括面向全校非计算机专业学生开设的程序设计类课程，如 C、C++、Python、Java 和 VB 等，也包括服务新兴学科、交叉学科和边缘学科等开设的前沿课程，如数据库技术与应用、多媒体技术与应用、数据科学基础、信息可视化设计、人工智能导论、物联网技术及其应用、大数据技术及其应用、网络空间安全、虚拟现实及其应用、智慧诊疗、智慧农作物管理等。

3. 以人工智能为引领设计课程体系

近几年来，从 AlphaGo 到 ChatGPT 和 Sora，人工智能取得了一系列令人瞩目的突破，逐渐赋能各个学科和行业，许多高校已将"人工智能+"作为教育发展的战略任务。为了顺应科技新进步和社会新需求，计算机基础教育应以人工智能为引领，围绕人工智能通识教育、技术与应用教育、与各学科交叉融合的 AI 应用场景设计课程内容体系，形成具有时代特色的计算机基础课程体系。以人工智能为引领的课程体系不是颠覆性的改变，而是在原有基础上深度融合人工智能技术，并开设与各学科交叉融合的新课程。

例如，"1+X+Y"人工智能通识课程体系的设计思路：
- "1"：是指人工智能通识课程或高度融合人工智能的大学计算机课程（必修），引导学生了解和掌握人工智能技术的基础知识和基本应用。
- "X"：是指开设的人工智能及其应用类课程，如以人工智能为重要内容的数据科学基础、大数据技术与应用、神经网络与深度学习、大模型技术应用等（选修）。
- "Y"：是指各学科与人工智能深度融合的前沿拓展类课程（选修），以课程加项目的形式，通过参与科研机构、企业单位或产业平台的实践项目提升科研能力。

第 5 章 计算机基础课程体系参考方案

计算机基础课程体系按照理工、医学、农林、文科、财经、艺术和师范七大类专业进行设计，每类课程体系的描述包括了基本思路、课程体系示例（包括课程教学计划相关说明）。课程体系的总体设计原则是满足计算机基础教学的基本要求。各校在制定本校计算机基础课程体系时，可参考每类的课程体系基本思路及具体案例，根据前面所述的课程体系设计几种策略，结合学校的实际情况和计算机基础教学的培养目标，设计各自的课程体系。

5.1 理工类专业计算机基础课程体系

1. 基本思路

以计算思维能力培养为总目标，面向理工类专业的"2+X"计算机基础课程体系。其中，"2"表示"大学计算机""程序设计"课程，"X"表示适应不同教学层次和专业方向的技术型交叉型课程。

"大学计算机"课程作为计算机基础教学的入门核心课程，旨在培养学生计算机科学和信息技术方面的基础能力，培养适应数智时代所需的关键能力。理解计算机工作原理，提高信息检索、评估、利用和管理的能力，理解数智时代的趋势和特点，理解"信息、计算、智能"三大核心科学概念。培养跨学科能力，了解计算机技术在数据分析、人工智能、网络技术等不同领域的应用，培养学科交叉意识，激发创造性思维。

"程序设计"课程通过学习一种编程语言，培养通过计算方法解决复杂问题的计算思维，包括抽象化、自动化、模式识别、算法和效率思维等。提高逻辑思维和系统分析评价能力，培养创新和创造性思维、团队合作和协作能力、细节关注能力、独立思考和解决问题的能力。通过学习程序设计，学生可以获得通过程序高效解决问题的能力，并在思维方式和问题解决策略上得到显著提升。

技术型交叉型课程应不同专业而异，培养包括在数据科学与大数据、人工智能、数字媒体、虚拟现实与增强现实、物联网、云计算、嵌入式等某方面或数方面解决较复杂问题或构建系统的能力和解决专业问题的能力。

在课程体系设计中，应贯彻"建立基本科学认知结构、引入跨学科元素、围绕不同计算环境的问题求解"等。同时，为了适应不同专业的培养需求，可进一步根据不同专业的特点，设计面向不同专业大类的、有针对性的课程体系。

2. 理工类专业计算机基础课程体系示例

表 5-1 给出了理工类专业计算机基础课程体系示例。

表 5-1 理工类专业计算机基础课程体系示例

课程名称		课程性质			学时数		备注
		必修	限选	任选	授课	实验	
大学计算机（理工类）		√			32~48	32~48	面向大学一年级学生
人工智能导论		√			32~48	0~16	大学一年级或 大学二年级开设
程序设计	C 程序设计	√			32~48	32~48	面向大学一年级学生
	Python 程序设计	√			32~48	32~48	面向大学一年级学生
	C++ 程序设计	√			32~48	32~48	面向大学一年级学生
	Java 程序设计	√			32~48	32~48	面向大学一年级学生
数据结构与算法			√		32~48	0~16	
数据科学基础			√		32~48	0~16	
大模型技术及应用			√		32~48	0~16	
多媒体技术与应用			√		32~48	0~16	
制造业 4.0 和物联网				√	32~48	0~16	
（大）数据分析与可视化				√	32~48	0~16	
数字创新和创业				√	32~48	0~16	
微机原理与接口技术（机电类）				√	32~48	0~16	
单片机与应用系统			√		32~48	0~16	
计算机辅助设计				√	32~48	0~16	

5.2 医学类专业计算机基础课程体系

1. 基本思路

随着信息技术日新月异的变化，人工智能、生物医学大数据分析等越来越多的技术已经运用到医学领域中。在医学研究中，无论是基础医学的基因组研究应用，还是临床医学的鉴别诊断，以及药学领域的药物靶标开发等，都离不开计算机技术的应用。作为公共基础课的大学计算机课程，应从学科交叉融合角度对教学内容、选修课设置等方面进行改革，注重新知识、新技术与医学紧密结合，加强通识教育与专业教育的融合，强化学生跨学科思维方式和综合创新能力的培养。建议将大学计算机基础课程内容分模块设计，根据专业需求对课程内容进行模块拼接，课程模块包括计算机技术基础、网络应用、医学数据处理、医学人工智能基础、选修课程群。

计算机技术基础是大学第一门计算机课程的基础内容，其主要教学目标是使学生了解信息技术基础知识，了解问题的可计算性及计算的复杂性，建立利用计算机求解简单问题的思路和方法，使学生理解"信息、计算、智能"三大核心科学概念。

"网络应用"课程模块以互联网技术应用为主线,介绍医药专业相关的网络资源利用与信息检索。

"医学数据处理"课程模块包括数据库技术及应用、医学数据挖掘、生物信息学和医学图像处理。

"医学人工智能基础"课程模块包括医学物联网技术与应用、医学人工智能技术与应用。

由于受课时的限制,尽量开设多门选修课,即开设选修课程群,供不同专业选择,为培养该专业某方面解决较复杂问题或构建系统的能力、解决专业问题的能力打下基础。在设置教学内容上从基础研究和临床应用现状和需求出发,结合专业应用主题,选取与信息技术密切关联的知识,以实现医学与计算机科学技术紧密整合。

2. 医学类专业计算机基础课程体系示例

表5-2给出了医学类专业计算机基础课程体系示例。

表5-2 医学类专业计算机基础课程体系示例

课程名称	课程性质			学时数		备注
	必修	限选	任选	授课	实验	
大学计算机(医学类)	√			16~32	16~32	面向大学一年级学生
程序设计基础(Python、C、VB、数据库,任选一)	√			24~32	24~32	
生物医学信息检索			√	24~32	24~32	
医学数据挖掘			√	24~36	28~36	
生物信息学			√	24~32	24~32	
医学图像处理			√	24~36	28~36	
医学物联网技术与应用			√	24~32	24~32	
医学人工智能技术与应用			√	24~36	28~36	

5.3 农林类专业计算机基础课程体系

1. 基本思路

计算机技术在农业、林业和水产领域的信息化、数字化和网络化进程中起着十分重要的作用。计算机类课程是农林类院校大学生重要的基础课程,是农林类院校本科生培养方案的重要组成部分。

农林类院校的专业特色主要体现在与农、林、水相关,具有各自鲜明的专业特点。各专业对计算机技术的需求不论在广度还是深度方面都有很大不同。因此,本着面向农林类院校、面向应用的原则,以"计算思维"素养培养和"计算技术"应用能力提高为总目标,根据农林类院校的特点,提出农林类院校非计算机专业计算机基础课程体系参考方案。各具体专业可以根据各自特点和培养目标有所侧重,同时要结合本校生源、师资、实验条件等教学资源以及总体学时分配，合理构建面向农林类院校的计算机基础课程体系，使计算机教育贯穿于整个大学教育，使得大学生在校期间学习计算机技术不断线。

课程体系方案要注重"计算思维"素养的培养和"计算技术"应用能力的提高，以提升农林类院校学生应用计算机信息技术解决农业、林业和水产领域中实际问题的能力，要求学生在理解和掌握相关知识的同时，提高专业领域应用的综合技能。

2. 农林类专业计算机基础课程体系示例

根据国内农林院校多年来对农林类专业计算机基础教学研究和实践经验，农林类专业计算机基础课程体系有以下两种方案供参考。

方案1："1+1+X"，即"大学计算机"（各专业必修）+"程序设计基础"（必修或选修）+X课程（根据本专业特点选修）。

方案2："1+X"，即"大学计算机"（各专业必修）+X课程（根据本专业特点必修或选修）。

表5-3给出了农林类专业计算机基础课程体系示例。表中所列课程可以根据各专业培养方案选修。

表5-3 农林类专业计算机基础课程体系示例

课程名称		课程性质			学时数		备注
		必修	限选	任选	授课	实验	
大学计算机（农林类）		√			24~32	24~32	面向大学一年级学生
程序设计	C程序设计		√		32~40	32~40	面向工科专业学生
	Python程序设计		√		32~48	32~48	面向非工科专业学生
	Java程序设计			√	32~48	32~48	
智慧农业导论				√	16~24	16~24	
网络技术与应用			√		16~24	16~24	
多媒体技术及应用			√		16~24	16~24	
数据库技术及应用			√		16~24	16~24	
单片机与应用系统			√		16~24	16~24	
园林园艺图像处理技术				√	16~24	16~24	
生物统计分析软件应用				√	16~24	16~24	
农业人工智能技术应用				√	16~24	16~24	

5.4 文科类专业计算机基础课程体系

1. 基本思路

文科类专业计算机课程的设置应满足社会发展和专业本身发展的需求。文科类专业包括哲学、经济学、法学、教育学、文学、历史学、艺术学和管理学 8 个类别,具有学科门类分布发散、教学内容不同、知识更新频度各异等特征。根据长期的教学实践,针对这些不同学科门类的学生,按文史哲法教类、经管类、艺术类分为 3 个系列进行计算机教学,既体现了学科的特点,又有利于分门别类地进行指导。在当前学科结构互相渗透的发展趋势下,对文科类各专业来说,非常需要计算机技术和新一代信息技术的支持,以满足社会对这些专业毕业生在计算机应用能力方面的需要,以及专业本身的提升与发展对计算机的需求。所以,加强对文科类专业学生的计算机知识与应用能力的教育非常必要。

根据教育部高等学校大学计算机课程教学指导委员会的"教学基本要求",设计以数字素养培养为总目标、适应不同教学层次、面向文科类的"1+X+Y"计算机基础课程体系。其中,"1"为大学计算机的基础课程(简称"大学计算机"),"X"为文科类专业以计算机技术为主的课程群,"Y"为适应不同教学层次和专业方向的、计算机技术与专业知识交叉融合的课程群。

"大学计算机"是大学第一门计算机课程,其主要教学目标是使学生了解信息技术的基本知识,了解利用信息技术解决问题的一般过程及解决问题的思路和方法;熟练使用办公信息处理基础软件的基本功能和高级功能,高效率地解决日常学习、工作中经常遇到的一般问题;熟练上网查找、阅读、下载、保存、整理相关信息等的思想和方法。在教学内容规划、教学过程中,强化知识所蕴含的思想,强化解决问题过程中所蕴含的方法,强化数字素养的培养。由于全国高中信息技术课程开设水平不同,来自不同地区的大学新生的信息技术水平差异较大,"大学计算机"课程应采用分层教学。

"X"是指各系列的若干门计算机技术课程(如人工智能基础、数据结构与算法、数据分析与可视化等)是文科某些专业所需要的计算机课程。"X"类课程是在课程"1"学习的基础上,了解人工智能、大数据、物联网、区块链等方面的基础知识,进一步提高信息技术运用能力,进一步强化数字胜任力的培养,为把信息技术与文科专业进一步结合奠定更坚实的基础。

"Y"是计算机与文科某些专业融合而形成的交叉学科课程(如计算语言学、数字人文、社会计算方法、智慧司法理论与实务等),是计算机应用知识与文科类专业知识深度融合而形成的课程,是培养创新意识、创新人才的重要课程。

具体到一所高校一个专业的教学计划,并不是所有的"X"和"Y"类课程都需要开设,而是由各专业根据各自的特点和需要进行选择。这样的安排,有利于各高校结合自己的办学定位灵活地进行课程设置。也就是说，这个"1+X+Y"的课程架构是符合不同学科的教学要求的。

2. 文科类专业计算机基础课程体系示例

文科类专业计算机课程群应因不同专业而异，培养信息技术与专业相结合、解决本专业问题的能力。由于文科类专业涉及的 8 个学科门类，而且学科背景不同，所以对计算机课程的设置在宽度和深度上存在差别，很难制定统一的教学计划以满足不同专业的需要，故应针对不同的专业进行不同内容的教学。

下面以文史哲法教类系列的计算机基础课程体系为例，给出参考方案（如表 5-4 所示），包括 20 门课程。其中"大学计算机（文科类）""数据库与程序设计"为文史哲法教类各专业的公共必修课，其他课程供不同专业根据需要选择。

表 5-4 文科类专业计算机基础课程体系示例

课程名称	课程性质			学时数		备注
	必修	限选	任选	授课	实验	
大学计算机（文科类）	√			32	32	面向大学一年级学生
数据库与程序设计	√			32～36	32～36	
数据库基础及应用		√		36	36	
办公软件高级应用			√	16	16～20	
多媒体技术及应用			√	36	16～36	
计算机网络技术及应用			√	32～36	16～18	
Internet 应用		√		16～18	12～14	
网页设计与网站建设基础		√		20～22	12～14	
富媒体 Web 应用			√	22	10～14	
信息检索与利用		√		16～18	16～18	
程序设计及应用		√		32	4～22	
微机系统组装与维护		√		18	0～18	
大数据技术及应用			√	28	4～8	
人工智能基础			√	32	16～22	
数据分析与可视化			√	30～36	30～36	
虚拟现实			√	26～28	6～8	
数据挖掘			√	32	4～22	
数据结构与算法		√		48～54	16～18	
机器学习			√	32	16～22	
物联网导论		√		28～36	4	

5.5 财经类专业计算机基础课程体系

1. 基本思路

财经类院校本科非计算机专业计算机基础教育的宗旨,是坚持面向应用的方向,即以应用为目标,将计算机作为辅助工具,培养学生的计算机综合运用能力和用相关知识解决本专业实际应用问题的能力,使之能够分析和处理本专业的信息需求和应用管理问题。

与计算机专业相比,财经类专业的计算机基础教育在培养目标、学生基础、专业性质等方面都有很大的差别,因此教学要求、教学内容、教学方法以及所用教材都应当有其自身的特点,应当针对各专业的实际需要来构建课程体系。

财经类专业本科生的计算机基础课程体系,其培养目标是使学生掌握应用计算机的能力,为将计算机与信息技术用于所学专业领域打下基础,并逐渐成为既熟悉本专业知识,又掌握计算机应用技术的复合型人才。在打好计算机应用基础的前提下,强调学以致用,学用结合。最终将计算机技术、计算机资源、信息处理方法融入相应学科的教学活动和实际应用中,使学生能够运用计算机和本学科的知识,处理和解决本专业的实际应用问题,培养学生在本学科中获取、加工和利用信息技术的能力。

2. 财经类专业计算机基础课程体系示例

表 5-5 给出了财经类专业计算机基础课程体系示例。

表 5-5 财经类专业计算机基础课程体系示例

课 程 名 称	课程性质			学 时 数		备 注
	必修	限选	任选	授课	实验	
大学计算机	√			32	32	
Python 数据分析	√			32	32	
数据库技术与应用		√		32	32	
管理信息系统			√	32	32	
电子商务基础与应用			√	32	32	
电子表格在经济管理中的应用			√	32	32	
区块链技术与应用			√	32	32	

5.6 艺术类专业计算机基础课程体系

1. 基本思想

艺术类专业在学科门类上归属于文学,学生需要具备一般文科学生所需的计算机知识与应用能力。

艺术类专业计算机基础课程体系的设计应该注重对学生在计算机技术方面的全面培

养。考虑到不同专业的差异性,需要制订灵活多样的课程安排,以满足不同艺术类专业学生的需求。艺术类专业计算机基础课程体系的设计应当充分考虑艺术创作的实际需求,注重理论与实践相结合,引导学生在计算机技术的支持下展开创新性的艺术实践。此外,还需要重视跨学科的融合,促进计算机技术与艺术创作的有机结合,培养学生具备解决实际问题的能力。

学科交叉课程是专为艺术类专业设计的一系列计算机任选课程,这些课程兼顾了广泛的专业需求,也考虑了各专业的特殊需求。这些限选课程涵盖了计算机图形学基础、数字媒体基础、交互设计与用户体验等多方面。通过这些课程,学生将能够建立对计算机技术在艺术领域应用中的基本认知,培养计算思维,为日后更深入的专业学习和实践创作打下坚实的基础。

随着虚拟现实(VR)、增强现实(AR)和混合现实(MR)等技术的飞速发展,这些技术不仅为艺术创作提供了新的表达方式,还深刻改变了观众与艺术品互动的方式。在任选课程的设计中,可以引入与虚拟现实、增强现实、混合现实相关的内容,以拓展学生的视野,让他们更好地理解和运用这些新兴技术。

人工智能(AI)技术在艺术领域的应用越来越广泛,利用 AI 技术进行艺术创作,有助于培养学生的前瞻性思维和创新意识。

总之,艺术类专业学科交叉课程的设计体现了个性化、灵活性和多样性的理念,为学生提供了更富有选择性的学习机会,有助于培养更具综合素养的艺术类专业人才。

2. 艺术类专业计算机基础课程体系示例

表 5-6 给出了艺术类专业部分学科交叉课程示例。

表 5-6 艺术类专业部分学科交叉课程示例

课程名称	课程性质			学时数		备注
	必修	限选	任选	授课	实验	
计算机艺术基础			√	32	32	
计算机图形学基础			√	32	32	
数字创意与新媒体设计			√	32	32	
人机交互设计基础			√	36	18	
计算机音乐与音频创作技术			√	36	20	
艺术计算与情感			√	32	32	
计算机生成艺术			√	36	36	

5.7 师范类专业计算机基础课程体系

1. 基本思路

师范类专业是指培养教师的专业。师范院校中专门培养中小学信息学科教师的计算机专业,要求更多的计算机专业知识与技能。师范类非计算机专业培养非信息学科教师,例如语文、历史、数学、物理、化学、生物等学科的教师,也需要具备一定的计算机基础知识与技能,需要具备应用信息技术整合学科教学,推进教学改革和创新的能力。计算机基础教育课程体系不仅面向师范类计算机专业,同时也面向师范类非计算机专业。

对师范类学生应当注重计算机基本技能的培养及应用信息技术进行课程教学改革能力的培养。计算机基础教学要以提高信息素养为目标,培养学生计算思维能力,引导学生将计算机的新技术和新方法灵活运用到教育教学实践中去。

师范类计算机基础教学的目标是培养学生掌握现代教学思想和方法,培养计算思维,具备利用各种教学资源,运用多媒体技术制作高质量的课件,设计教学网页,建设虚拟教室,创造性地运用到学科课程教学中的能力。掌握合理先进的教学评估方法,能够激励学生自主学习的积极性。具备独立或合作创建有特色的教学资源库,创建精品课程的能力。

2. 师范类专业计算机基础课程体系示例

表 5-7 给出了师范类专业计算机基础课程体系示例。

表 5-7 师范类专业计算机基础课程体系示例

课程名称		课程性质			学时数		备注
		必修	限选	任选	授课	实验	
信息处理技术		√			16~32		
信息素养基础模块	信息科学技术导论		√		32~48		6选1
	计算思维导论		√		32~48		
	算法与程序设计(Python)		√		32~64	16~32	
	算法与程序设计(C++)		√		32~64	16~32	
	算法与程序设计(Java)		√		32~64	16~32	
	算法与程序设计(C语言)		√		32~64	16~32	
人工智能导论			√		32~64	0~16	
数据科学导论			√		32~64	0~16	
软件工程导论			√		32~64	0~16	
深度学习技术与应用			√		32~64	0~16	
大数据技术及应用			√		32~64	0~16	

(1)信息素养的入门模块仅开设一门课程,即"信息处理技术"课程,为大学一年

级新生必修课程。但信息技术知识水平较高、信息素养较强的同学可通过入学分级考试直接免修本课程。

（2）信息素养基础模块课程，目前有 6 门，所有学生均须至少选修其中的一门。院系也可根据本单位培养计划，明确指定学生的修读课程。

建议：文科类专业可从"算法与程序设计（Python）""计算思维导论"等课程中选择其一；理工科类专业可从"算法与程序设计（Python）""算法与程序设计（Java）""算法与程序设计（C++）""算法与程序设计（C 语言）""信息科学与技术导论"等课程中至少选择其一。

（3）信息素养高阶模块课程，初步计划开设 5 门，重点面向理工科专业学生选修，各院系若有需求，可把相关课程设置为本院系的专业限选课。

第 3 部分　典型课程参考方案

第6章 大学计算机类课程参考方案

6.1 大学计算机类课程改革的必要性和方向

计算机工业一直引导着世界工业的发展,也是推动其他产业发展的重要推动力之一。随着数据科学和人工智能技术的普及,计算思维与学科交叉能力成为大学生的必备素质。新工科、新医科、新农科、新文科建设对大学生深度交叉融合创新能力提出了更高的要求。以 GPT-4 为代表的人工智能生成内容(AIGC)技术的出现将会推动和加快大学计算机课程的改革。

1. 改革的必要性

大学计算机类课程改革的必要性主要有三点。

(1)信息素养提升:当前时代背景下,各行各业都在经历数字化转型,对所有学生的计算思维和信息素养都提出了更高的要求。

(2)跨学科能力培养:随着数据科学和人工智能技术的普及,学科交叉能力成为新时代大学生必备素质。非计算机专业学生需要掌握信息技术的基础知识,以便于在未来的职业生涯中更好地应对挑战。

(3)创新与批判性思维:计算机课程可以培养学生的逻辑思维、创新能力和批判性思维,这些能力对所有专业的学生都具有重要意义。

2. 改革的方向

大学计算机类课程的改革方向有如下 5 方面。

(1)课程内容现代化:将数据科学、机器学习、人工智能等具有时代性和前沿性现代计算机科学的元素融入课程中,使学生能够理解和使用这些先进技术。

(2)实践与应用相结合:强调赋能,如通过项目作业、案例研究等,让学生具备应用计算机技术和方法高效地解决复杂工程问题的能力,提升课程挑战度。

(3)个性化课程设计:通过构建知识图谱,根据不同专业的特性和能力需求设计课程和学习路径。例如,为商科学生提供数据分析相关的课程,为社会科学学生提供数字社会学研究的工具课程等。

(4)灵活的教学模式:利用数字化教学资源,结合线上和线下教学,提供灵活的学习方式。利用在线教学平台、互动编程平台和数字化资源拓展课程的深度和广度,为学生提供更灵活、更广泛的学习选择。利用智能评价和即时反馈机制,帮助学生及时了解自己的学习进度和不足,帮助教师持续改进教学内容和教学设计。

(5)鼓励探索和创新:通过开放式的项目和实验,鼓励学生探索新的技术和创意,培养创新能力。鼓励和组织跨学科的项目,强调计算机科学在多学科领域中的应用,使学生能在实际项目中应用计算机技术,促进不同学科间的相互学习和合作,培养学生的学科交叉创新意识。

贯彻"以计算思维为中心,以应用能力塑造为导向"的教学改革思想,改革课程内容、改进教学方法、创新教学模式、优化教学设计,使非计算机类专业的学生可以更好地适应数字化时代的挑战,塑造更具创造性和高效性地解决问题的思维方式。

为了更好地推动大学计算机第一门课程内容和教学方法的改革,我们选择了5种有代表性的方案,供从事大学计算机教学的教师参考。

6.2 大学计算机(理工类)

1. 课程描述

课程定位:根据新时代大学计算机基础课程教学基本要求的精神,结合"宽、专、融"课程体系,就目前本科大类招生的改革背景,解决计算机通识教育中大规模人才培养的"差异化"与"个性化"等问题,提出新的"大学计算机"课程实施方案。该实施方案继承了计算思维理论、体系以及方法等研究成果,引入物联网、大数据和人工智能等新一代信息技术,提出了以计算思维能力培养为支撑,新一代信息技术赋能为拓展的新时代大学计算机基础教学的任务和要求,让学生了解计算机新技术的发展现状与趋势以及与自己所学专业的关系,培养学生的数字素养与技能。

课程对象:本科各理工专业学生。

建议学时:32~64学时。

2. 教学目标

通过本课程的学习,了解包括大数据、人工智能等计算机新技术的发展现状和发展趋势以及与自己所学专业的关系,培养学生的数字素养与技能。应在知识、能力和素质三方面达到以下基本教学目标。

1) 知识目标

- 初步了解计算机科学与技术的整体发展,掌握本课程设置、各章内容结构及其相互关系。了解数据在计算机中的组织形式、表示方式以及存储特征;了解冯·诺依曼计算机的基本思想和体系结构,掌握计算机系统的基本功能结构和系统层次结构;了解操作系统的发展、分类与功能特点,掌握应用程序的管理与运行、文件夹的管理与创建、文件的类型与访问权限;具有较强的信息系统安全与社会责任意识。
- 了解数据处理与管理的含义和方法,掌握基本的数据处理的使用方法;理解什么是算法、算法设计与算法描述,掌握算法描述与设计的基础理论与方法,了解计算机程序设计的思想与方法;掌握程序设计的三种基本结构,即顺序结构、选择结构和循环结构;掌握调试Python程序的基本方法与手段,获得实验设计和实验技能的基本训练。
- 掌握Internet基本知识,IP地址与域名之间的关系,WWW的访问机制,以及Internet典型应用;理解物联网体系结构,初步了解物联网应用、工作原理,二维码的形成,以及校园一卡通系统等;理解大数据的基本概念与大数据的应用,掌握什么是数据、数据处理、数据可视化；掌握什么是数据库、如何创建数据库与维护数据库；初步了解大数据的存储和管理技术、大数据分析和大数据可视化工具；掌握大数据简单存储与可视化的应用；了解什么是智能与人工智能，理解如何表示、存储和运用人类知识；理解什么是知识图谱以及有哪些应用，什么是机器感知、机器行为、机器思维与机器学习等。

总之，具备应用计算机解决问题的能力以及掌握科学分析问题的方法与手段，提高计算机文化素养，构建计算思维能力。

2）能力目标

培养学生在信息化社会里利用计算机技术解决问题的意识和能力，包括学术能力、批判性思维、创造力、社会与文化意识、团队合作和沟通能力；倡导自主学习、研究学习、协作学习，培养学生的自学能力、独立思考能力与创新能力、解决实际问题的计算机综合应用能力。

3）素质目标

面对信息化社会新技术的不断发展，尤其是人工智能发展带来的挑战，启发引导学生要勤奋学习、创造性学习，特别是要学习这些新技术的发展在自己所学专业领域的应用，引导学生注重沟通协作、批判性思维和创造力的培养。

3. 教学内容

"大学计算机（理工类）"课程的知识单元、理论教学内容及实践要求如表 6-1 所示。

表 6-1　课程知识单元、教学内容及实践要求

知识单元	理论教学内容	实 践 要 求	参考学时
1.漫游数字时代	了解数字社会与计算机技术；为何要学习计算机知识；计算机与学生所学专业的关系；信息素养与信息安全下的社会责任	MOOC 学习注册； 上网了解图灵奖与计算机安全； 实验 1：计算机基础综合测试	2～4
2.理解计算机系统	计算模型的演变，从图灵机到冯·诺依曼体系结构计算机；理解信息世界，从数制开始，数制间的转换，数的源码、反码与补码；从逻辑门到处理器，算术运算与逻辑运算；计算机系统：硬件、软件和操作系统	掌握 Windows 操作的基本技能； 掌握文本编辑 Word 等软件的应用； 实验 2：计算应用平台的搭建，从微机组装到操作系统的安装	4～8
3.浏览网络世界	走进网络，了解网络的组成结构、拓扑结构、传输介质、连接设备；理解物理层传输、网络层互联；掌握如何接入网络、Internet 典型应用	网络认知与配置； 实验 3：构建个人无线网络	4～8
4.认识Python	初识程序设计，掌握计算机问题求解思想与方法；理解编程基本语法知识；掌握顺序、分支与循环程序设计；掌握程序调试方法；掌握 Python 基本语句语法元素、函数式编程和 Python 基本图形处理方式	Python 编程综合应用； 实验 4：猜数游戏与图形绘制	2～4
5.体验算法之美	认识计算思维，何为算法、算法设计与算法描述；掌握计算机问题求解方法与设计；掌握典型算法应用（排序算法、递归算法等）	算法与问题求解综合应用； 实验 5：求解 N 个数的最大值	6～12

续表

知识单元	理论教学内容	实践要求	参考学时
6.初识物联网	了解物联网的核心技术、物联网的产生与发展、物联网体系结构与物联网通信技术；掌握我们身边的物联网及其典型应用	物联网应用综合实验； 实验6：理解和实现商品条形码	6～12
7.走进大数据	理解数据、技术与思维、海量数据；掌握大数据基础知识与应用；理解可视化的数字社会；掌握建立数据库、输入数据、查询数据等；了解大数据分析流程与大数据应用	大数据处理与应用实验； 实验7：大数据存储与大数据分析	4～8
8.探索人工智能	了解人工智能简史与研究领域；初步掌握人工智能基本知识，推理方法、机器学习、深度学习等；认识模拟人类专家的专家系统、模拟生物特性的智能计算、模拟生物神经系统的人工神经网络与机器学习等；初步掌握游戏中的人工智能技术	人工智能综合应用实验； 实验8：遗传算法求解TSP问题	4～8
总学时			32～64

4. 实施方案

（1）教学组织与实施。

本课程以 32 学时为例，其中理论教学为 16 学时、实验教学为 16 学时。建议采取每周 1～2 学时理论教学，1～2 学时实践教学。理论教学将覆盖"大学计算机"课程的基本内容，实践教学包括计算机基本操作、Python 编程初步、物联网、大数据与人工智能等应用体验，以加深对理论教学内容的理解。由于本课程实践性很强，需要大量的实验才能达到融会贯通的效果。所以需要增加课外实验机时，建议提供 1∶2 的课内与课外的实验比例。

目前线上教学资源丰富，原有课堂教学与线上教学相结合的混合式教学模式受到越来越广泛的关注。建议采取课堂教学与 MOOC 学习相结合的方式。

（2）课程教学方式。

本课程作为大学本科各专业的公共计算机基础课程，重点介绍计算机的基本理论、基本应用，强调计算机应用能力的训练和实践，提高学生应用计算机解决问题的能力与自主学习能力，建立创新意识，掌握问题求解分析能力与学习能力，逐步构建计算思维意识。

随着计算机应用的普及与深入，学生的计算机应用水平基础的差异性与专业需求的不同。为更好地学习本课程，可以辅以基于 MOOC 的大学自修课教学模式。即先由学生通过 MOOC 自学，再随班进行教学，通过课堂讲授、实践等掌握课程。注意，部分内容需要学生通过自学完成，教师在课内进行概括性提示、案例示范、翻转课堂等方式进行教学。提倡按照教学的层次设计作业，加大专题研究和研究性、综合性大作业的比例，注重培养学生解决问题的能力与学习研究能力。

（3）课程的考核方案。

根据新的教学目标和要求，合理地评定学生的学习情况，成绩的评定注重学习过程，包括平时上课状况与回答问题的情况、作业完成情况、翻转课堂讨论情况、网上教学活动参与的积极性、实验报告完成的质量等方面进行综合评定。

基于学习过程的能力考核（通过/不通过），其中基础知识（理论测试）占 30%、单元作业 15%、单元测试 15%、拓展实验占 20%、翻转课堂占 20%。

6.3 大学计算机（文科类）

1. 课程描述

课程定位： 文史哲法教类/经管类/艺术类本科生的核心通识必修课程，属于计算机基础教学第一层次课程（简称"1"），是教育部高等学校大学计算机课程教学指导委员会（新文科工作组）制订的核心课程。主要涉及计算机基础性和通用性的知识、技能和技术应用，也是大学生应知应会的计算机应用的一般要求。课程的设置针对文科各专业，类似于"大学英语""大学数学"等具有基础性质的课程。

文科类大学生的计算机课程体系（简称"1+X+Y"）旨在融合传统文科教育与新兴科技发展，为文科生提供计算机核心的科学知识和技术技能，并强调新兴技术在文科研究和实践中的创新应用。这些课程不仅包括计算机基础、编程、数据库管理等传统内容，还应融入大数据分析、人工智能、机器学习、区块链、虚拟现实、增强现实等前沿技术简介。

课程对象： 文科类本科生。

建议学时： 64 学时。

2. 教学目标

全面培养学生的数字素养，为各文科类专业学生学习计算机相关课程（简称"X"）和计算机与专业学科交叉课程（简称"Y"）打好基础，助力文科生具备将计算机技术与自身专业深度融合的能力。

通过本课程的学习，应在知识、能力和素质三方面到达以下基本教学目标。

- **知识目标：** 熟悉计算机的典型应用；理解计算机系统架构、工作原理、存储和处理数据的方式，理解多媒体技术与计算机网络的基本原理，以及它们在各领域中的应用；了解大数据、人工智能、物联网、移动互联网、区块链和元宇宙等新技术的基础知识与应用；从计算工具的发展理解计算思维，能描述计算能力对信息社会发展的重要意义。

- **能力目标：** 文科类大学生的计算机课程旨在培养学生多方面的能力，包括掌握计算机科学的基本知识和技能，提高信息与数字素养和创新能力。学生将能够熟练运用办公软件，提升文档处理、数据分析和演示制作的效果和效率；掌握网络资源检索与利用的技巧，提高学术研究和信息检索能力；具备多媒体制作等实用技能，增强网络信息的发布和传播能力。此外，学生还将了解编程基础和数据库管理与应用，培养逻辑思维和问题求解能力。在新兴技术方面，学生将学会运用大数据分析、人工智能、区块链、虚拟现实和增强现实等技术，为文科研究和工作提供创新支持。通过这些能力的培养，学生将更好地适应信息时代的社会经济发展，为未来的职业生涯奠定坚实基础。

- **素质目标**：文科类"大学计算机"课程的素质目标，旨在全面提升学生的数字素养和计算思维能力，使其能够深入理解并熟练运用信息技术解决复杂问题，并推动创新。同时，注重培养学生的职业道德素养，确保其遵守计算机行业的道德规范，尊重知识产权，维护信息安全。此外，本课程通过团队协作和实践训练，增强学生的团队精神和创新意识，为未来的职业发展和社会责任打下坚实基础。本课程最终旨在培养学生的自主学习能力和终身学习意识，使其能够适应快速变化的信息化社会，不断追求进步和发展。

3. 教学内容

"大学计算机（文科类）"课程的知识单元、理论教学内容及实践要求如表 6-2 所示。

表 6-2　课程知识单元、教学内容及实践要求

知识单元	理论教学内容	实　践　要　求	参考学时
1.计算机与数字时代	计算机技术的快速发展与数字时代的特征、人类思维与逻辑学、计算科学与计算思维、学科交叉与融合、计算机在数字化社会中的应用与影响	探索与体验：上网了解图灵奖与计算思维	4
2.新型计算机硬件	传统计算机硬件基础，新型计算机硬件的发展（如量子计算、边缘计算等），硬件生态系统与开源文化的兴起，移动设备与智能设备的普及与应用	了解 CPU、内存、硬盘、主板、显卡等硬件设备的工作原理和性能指标，学习硬件的安装、测试和维护方法，并观察不同硬件对计算机和移动设备性能的影响	8
3.操作系统与现代界面	主流操作系统的演变与特点（Windows、Linux）、图形用户界面（GUI）与触摸交互的普及，语音助手与智能助手在操作系统中的应用	操作系统的安装，语音助手与智能助手的使用；体验并比较不同操作系统的界面和功能，包括移动操作系统	8
4.办公软件与协作工具	数字办公软件的概念、功能、具体操作应用和发展趋势等	使用文字处理软件进行文档编辑，掌握电子表格软件进行数据处理和分析，运用演示软件制作演示文稿。使用在线协作工具进行团队协作，包括文档共享、实时编辑、沟通协调、项目管理等	8
5.互联网、物联网、区块链和元宇宙	互联网、物联网、区块链和元宇宙的基本概念、原理和应用	网络认知与配置，构建个人无线网络，物联网应用综合实验，数据加密、增强现实等实验	8
6.数字媒体与虚拟现实	媒体数字化原理、音频与图像处理、视频与动画、媒体综合基础、虚拟现实的相关知识	数字音频、图像、视频、动画等处理、数字媒体综合表达	12
7.数据科学与大数据分析	数据科学的基本概念与应用领域，大数据分析工具与平台的介绍，数据可视化与故事化表达，数据驱动的决策与预测分析	大数据处理与可视化验证性实验，数据驱动决策的项目设计与综合实践，交流与互评	8
8.人工智能与AIGC	人工智能概述，理解人工智能技术，无代码人工智能开发的应用体验，AIGC 产品的应用	人工智能应用体验，AIGC 产品体验与实施	8
总学时			64

4. 实施方案

1）教学方式方法建议

教师根据校情和学情组织教学，建议安排同步的翻转课堂与实验教学，充分应用新兴信息技术组织教学与实践，例如基于 MOOC/SPOC 的翻转课堂、基于案例的实验教学、团队协作教学方法等。同时应注意以下三方面。

（1）借助网络资源和 AIGC 工具。利用网络资源和 AIGC 工具可以丰富教学内容和方法，如在线课程、视频教程、在线交流等。这有助于学生更深入地理解课程内容，并提供了更多的学习资源和机会。

（2）注重思维培养。弱化知识，强化学生的动手实践能力、问题求解能力和思维能力培养，如培养学生主动应对 AI 的能力，增加对学生的思维训练实践与运用 AI 的实践等。

（3）鼓励创新。计算机领域注重创新，教育者应该鼓励学生进行创新实践。例如，让学生自主设计和开发软件系统，或者改进现有系统，培养他们的创造意识和创新能力。

2）考核及成绩评定方式建议

（1）在考核学生时，应采用多元化的评估方式，包括但不限于期中考试、期末考试、课堂作业、项目报告、上机实验、实践成果等。

（2）鼓励学生参与项目驱动的评估方式，例如针对特定主题或问题进行项目设计和实施，并结合项目成果和学生互评质量，对学生进行评定。

（3）定期布置作业并结合课堂表现，评定学生的参与度和理解程度。

（4）在考核中引入开放式问题解答，鼓励学生思考和探索，展现他们的理解深度和解决问题的能力。

（5）平时成绩、章节测验占 20%，过程性考核、上机实验（含思维训练实践、AI 赋能项目实践等）占 50%，期末考核占 30%。

3）教学组织与实施建议

本课程教学采取每周 2 学时理论教学和 2 学时实践教学。理论教学讲授计算机基础知识等基本内容，实践教学通过让学生动手完成实验作业的设计与实现，加深对理论教学内容的理解。对于发展中的新技术，建议可以组织学生进行探索与讨论，综合运用所学的信息展示技术进行展示与交流。

目前线上教学资源丰富，AI 工具使用方便，原有课堂教学与线上教学相结合的混合式教学模式受到越来越广泛的关注。建立数据驱动和人机协同的智慧教育生态是未来教学改革的发展方向。从当前线上线下混合式教学效果来看，该方式不仅提高了学生的学习成绩，也提高了学生满意度和教学效率。

鼓励学生将所学计算机知识结合到日常学习生活中，积极参加计算机相关学科竞赛等活动。

6.4 大学计算机（医学类）

1. 课程描述

课程定位：根据新时代大学计算机基础课程教学基本要求的精神，面向新时代培养医学院校大学生的计算思维能力，提高大学生数字能力和数字素养，提出新的"大学计算机（医学类）"课程实施方案。该实施方案结合医学应用理解计算思维的概念和本质特征，提出以新一代信息技术赋能为拓展的新时代大学计算机基础教学的任务和要求，让学生了解医学数据处理与分析，综合应用计算思维和程序设计完成医学数据统计分析案例，培养学生的数字素养与技能。

课程对象：本科各医药相关专业学生。

建议学时：46~68 学时。

2. 教学目标

通过本课程的学习，掌握计算机发展、软硬件系统、算法和程序设计、医学数据处理与分析方面的基本知识，掌握信息处理的基本方法和多媒体基本技术，具备用计算工具解决实际问题的能力，培养信息技术素养和计算思维。应在知识、能力和素质三方面达到以下基本教学目标。

1) 知识目标

- 初步了解计算机科学与技术整体发展，掌握本课程设置、各章内容结构及其相互关系。了解数据在计算机中的组织形式、表示方式以及存储特征；了解冯·诺依曼计算机的基本思想和体系结构，掌握计算机系统的基本功能结构和系统层次结构；了解操作系统的发展、分类与功能特点，掌握应用程序的管理与运行、文件夹的管理与创建、文件的类型与访问权限；具有较强的信息系统安全与社会责任意识。
- 了解数据处理与管理的含义和方法，掌握基本的数据处理的使用方法；了解计算机程序设计的思想与方法；理解 Python 程序设计的概念，掌握程序设计的三种基本结构，即顺序结构、选择结构和循环结构；掌握调试 Python 程序的基本方法与手段，获得实验设计和实验技能的基本训练。
- 掌握 Internet 基本知识，IP 地址与域名之间的关系，WWW 的访问机制，以及 Internet 典型应用；掌握什么是数据、数据处理、数据可视化；掌握什么是数据库、如何创建数据库与维护数据库；初步了解医学数据处理和分析；了解什么是智能与人工智能，理解如何表示、存储和运用人类知识等。
- 理解多媒体及多媒体技术的相关概念和基本理论；了解计算机发展新技术。

总之，具备计算机解决问题的能力以及掌握科学分析问题的方法与手段，提高计算机文化素养，构建计算思维能力。

2) 能力目标

培养学生使用操作系统和常用软件的能力、根据需要配置个性化工作环境的能力。通过使用 Python 设计程序或其他工具软件完成实验作业，使用计算机解决实际问题的能力。通过程序设计的学习和训练,提升计算思维和逻辑思维能力。培养学生在信息化社会里利用计算机技术解决问题的意识和能力,包括学术能力、批判性思维、创造力、社会与文化意识、团队合作和沟通能力。倡导自主学习、研究学习、协作学习,培养学生的自学能力、独立思考能力与创新能力、解决实际问题的计算机综合应用能力。

3) 素质目标

锻造大胆探索、勇于创新、缜密思维、密切协作的品质,养成使用计算机及相关技术来解决医学领域相关问题的信息素养,服务医学事业。养成高尚的道德情操和自律意识,规范自身的思想行为,将所学的知识用于积极、有益的工作和生活中。树立牢固的计算机信息安全意识,规范个人的互联网行为,用健康向上的网络资源丰富自己,自觉抵制消极信息带来的精神污染,不使用计算机技术手段进行不道德或者非法的行为。关心民族软件产业的发展,支持优秀国产软件的推广和使用,支持正版软件,抵制盗版软件。

3. 教学内容

"大学计算机(医学类)"课程的知识单元、理论教学内容及实践要求如表 6-3 所示。

表 6-3 课程知识单元、教学内容及实践要求

知识单元	理论教学内容	实 践 要 求	参考学时
1.计算与医学,计算思维	了解计算机文化的基本内涵和计算机发展历程;理解典型计算机模型基本结构;结合医学应用理解计算思维的概念和本质特征;了解计算思维的基本问题;了解计算思维解决问题的一般过程	MOOC 学习注册	2
2.计算机系统	计算模型的演变,从图灵机到冯·诺依曼体系结构计算机;理解信息世界,数制、数制间的转换,文本的编码 GBK 和 UTF-8;处理器;算术运算与逻辑运算;计算机系统:硬件、软件和操作系统	掌握 Windows 操作的基本技能;掌握文本文件和数值文件的编码原理;实验 1:计算机软硬件系统,常见文档工具的综合应用	2~4
3.医学数据处理与分析	医学数据处理概述,理解数据和信息的关系;了解信息量的数学表达;了解计算机在医学数据处理方面的应用及常用的数据处理软件的基本功能;理解现实中科研、临床医学数据处理的重要意义。掌握基于电子表格的医学数据处理。了解数据库技术的发展;理解数据库的概念及其特点;了解数据库在管理信息系统中的作用;了解数据模型的概念;理解应用概念数据模型,逻辑数据模型,物理数据模型对实际问题进行建模的方法;了解基于 MySQL 等典型数据库系统的应用	掌握常见办公软件的操作技能,掌握常见基于关系模型的数据库操作技能,掌握基础的 SQL 语言。实验 2:电子表格的数据编辑和分析 实验 3:数据库的设计、创建和查询	10~16

续表

知识单元	理论教学内容	实 践 要 求	参考学时
4.Python程序设计基础	概述和基础语法： 理解指令和程序的概念；了解现实世界问题的计算机解决方案设计（计算思维）；了解 Python 语言的发展和特点；掌握 Python 的安装和环境配置。掌握 input 和 print 函数的基本使用方法。 数据的表示和存储： 掌握数据类型的概念；掌握数字（整数、浮点数和复数）、字符串、布尔类型和 None 的概念和使用；掌握内置 type 函数；掌握对象的命名方式和命名规则。 对象的转换和计算： 掌握 Python 代码书写格式与规则、关键字、标识符、常量、变量；掌握对象相互转换（int、float、str 三个内置函数）；掌握幂运算、算术运算、比较运算、逻辑运算、成员运算、身份运算的运算规则；理解表达式的概念和运算；了解内置 eval 函数。 程序控制（选择和重复）： 掌握顺序结构、分支结构（分支语句的嵌套）和循环结构（循环语句的嵌套）；掌握 range 函数等的使用。 容器类对象： 掌握列表和字典的概念和使用方法；理解元组和集合的概念和使用方法；掌握序列类数据的基本操作（拼接、访问、遍历、切片、查找等）。 代码复用——函数： 掌握函数的概念；掌握 return 关键字的用法；掌握函数的定义和调用；理解形参和实参的概念，了解默认参数、关键字参数；了解任意多个参数的函数定义方法；理解全局变量和局部变量的概念。 代码复用——模块： 理解模块的概念；掌握 install 模块和 import 模块的区别和用法；了解系统的功能；掌握系统模块和第三方模块的安装和使用。 文件操作： 理解常见的文件分类：文本文件和二进制文件；掌握文件的打开函数 open 的用法；理解文件常见的打开模式；理解文件对象指针的获取（tell）和移动（seek）方法、掌握文件对象读方法 read()、readline()和 readlines()；掌握文件对象的写方法 write()和关闭方法 close()	Python 编程综合应用； 实验 4：环境测试 实验 5：基础语法和程序控制结构 实验 6：常见数据类型（列表和字典）的操作和简单算法 实验 7：函数和模块实验 实验 8：文件操作实验	16～26

续表

知识单元	理论教学内容	实 践 要 求	参考学时
5.医学综合案例分析	综合应用计算思维和程序设计能力完成复杂医学数据统计分析的案例演练	问题求解医学综合应用； 实验9：综合医学案例演练（对照电子表格和数据库进行数据分析）	2~4
6.网络与互联网	理解计算机网络的概念、组成、分类与基本功能；了解常用的计算机网络网络拓扑结构和常见网络协议；理解物理层传输、网络层互联；了解Internet和Intranet的基础知识与区别。掌握如何接入网络、Internet典型应用	实验10：组网方案设计	6~8
7.多媒体技术基础及医学应用	多媒体技术的应用领域，多媒体技术的基本概念，多媒体涉及的主要技术；理解音频、图像、视频等数字多媒体对象在计算机中表示的方式和多媒体数据数字化过程，数字多媒体对象的编码标准；掌握音频、图像数据量的计算方法，常见的数字多媒体文件格式，图形图像处理、数字视频制作等常见多媒体编辑软件的使用方法	大数据处理与应用实验； 实验11：多媒体技术实验（图像、音视频、网页混合设计）	6~8
8.计算机发展新技术	了解计算机的软硬件发展新技术和趋势；了解超级计算机、高性能计算及其主要技术特点；了解人工智能的基本概念和发展历程		2
总学时			46~68

4. 实施方案

1）教学组织与实施

本课程以68学时为例，其中理论教学为46学时、实验教学为22学时。建议采取每周2~4学时理论教学，2~4学时实践教学。理论教学将覆盖"大学计算机"课程的基本内容，实践教学包括计算机基本操作、电子表格数据分析处理、数据基本操作、Python编程、网络与互联网、多媒体技术应用，以加深对理论教学内容的理解。由于本课程实践性很强，需要大量的实验才能达到融会贯通的效果。所以需要增加课外实验机时，建议提供1:1的课内与课外的实验比例。

目前线上教学资源丰富，原有课堂教学与线上教学相结合的混合式教学模式受到越来越广泛的关注。建议采取课堂教学与MOOC学习相结合的方式。

2）课程教学方式

本课程作为大学本科各专业的公共计算机基础课程，重点介绍计算机的基本理论、基本应用，强调计算机应用能力的训练和实践动手，提高学生应用计算机解决问题的能力与自主学习能力，建立创新意识，掌握问题求解分析能力与学习能力，逐步构建计算思维意识。

随着计算机应用的普及与深入，学生的计算机应用水平基础的差异性与专业需求的不同。为更好地学习本课程，可以辅以基于 MOOC 的大学自修课教学模式。即先由学生通过 MOOC 自学，再随班进行教学，通过课堂讲授、实践等掌握课程。注意，部分内容需要学生通过自学完成，教师在课内进行概括性提示、案例示范、翻转课堂等方式进行教学。提倡按照教学的层次设计作业，加大专题研究和研究性、综合性大作业的比例，注重培养学生解决问题的能力与学习研究能力。

3) 课程的考核方案

根据新的教学目标和要求，合理地评定学生的学习情况，成绩的评定注重学习过程，包括平时上课状况与回答问题的情况、作业完成情况单元测试等方面进行综合评定。

基于学习过程的能力考核（通过/不通过），其中基础知识（理论测试）占 40%、单元作业 50%、单元测试 10%。

6.5 大学计算机（农林类）

1. 课程描述

课程定位：根据新时代大学计算机基础课程教学基本要求的精神，面向新时代培养农林院校大学生的计算思维能力、提高大学生计算机应用能力、普及新一代信息技术教育等历史重任，提出新的"大学计算机基础（农林类）"课程实施方案。该实施方案旨在夯实计算机基础理论知识，为学生应用计算机工具解决实际问题奠定坚实的基础；同时，面向数智时代的通识教育改革需求，开阔学生视野，引入物联网、大数据和人工智能等新一代信息技术知识，提出了以显著提升大学生信息素养、强化大学生计算思维以及培养大学生应用信息技术解决学科问题能力为教学目标的新时代大学计算机基础教学的任务和要求，使学生在掌握如何应用计算相关知识解决实际问题的各种技能的同时，提升应对当前时代和未来挑战的潜力。

课程对象：本科各农林海洋类大学相关专业学生。

建议学时：32～64 学时。

2. 教学目标

通过本课程的学习，熟练掌握信息技术基础知识以及软硬件应用技能，了解包括物联网、大数据、人工智能等计算机新技术，培养学生的计算机技术应用技能以及计算思维能力。课程应在知识、能力和素质三方面达到以下基本教学目标。

1) 知识目标
- 掌握信息技术以及计算机基本知识，包括数据在计算机中的组织形式、表示方式以及存储特征；计算机系统的基本功能结构和系统层次结构；操作系统的发展、分类与功能特点，Windows 10 中应用程序的管理与运行、文件夹的管理与创建、文件的类型与访问权限；Office 办公软件中 Word、PowerPoint、Excel 的使用；计算机网络和 Internet 基本知识、IP 地址与域名之间的关系、IPv4 与 IPv6、WWW 访问机制，以及 Internet 典型应用；计算机安全和网络安全。了解计算机软硬件的问题排查方法,了解其他应用软件的使用。树立信息系统安全与社会责任意识。
- 了解计算机程序设计的思想与方法;掌握程序设计的三种基本结构,即顺序结构、选择结构和循环结构;了解数据处理与管理的含义和方法,掌握基本的数据处理的使用方法;理解什么是算法、算法设计与算法描述,掌握算法描述与设计的基础理论与方法;掌握调试 VBA、Python 程序的基本方法与手段,获得程序设计和调试技能的基本训练。
- 理解大数据的基本概念与大数据的应用,掌握什么是数据、数据处理、数据可视化;掌握什么是数据库、如何创建数据库与维护数据库;初步了解大数据的存储和管理技术、大数据分析和大数据可视化工具;掌握大数据简单存储与可视化的应用;了解农业大数据应用场景和如何应用;了解什么是智能与人工智能,理解如何表示、存储和运用人类知识;了解农业人工智能应用场景;理解什么是知识图谱以及有哪些应用,什么是机器感知、机器行为、机器思维与机器学习;掌握理解物联网体系结构,初步了解物联网应用、工作原理,二维码的形成,以及校园一卡通系统等;了解物联网的农业应用场景。

总之,通过课程学习和实践训练,学生将获得使用计算机解决实际问题,特别是农业领域问题的能力,并掌握科学分析问题的思维方法与手段。

2)能力目标

培养学生在现代信息化社会中利用计算机及相关技术解决实际问题的意识和能力,包括学习能力、逻辑思维能力、创新能力、与人合作和沟通能力、自控能力、积极应对和解决实际问题能力等;倡导自主学习、协作学习、负责任地学习,锻炼学生计算机综合应用能力。

3)素质目标

面对现代信息化社会新技术的不断更新,尤其是人工智能发展带来的挑战,启发引导学生在勤奋学习知识的同时,培养学生终身学习的价值观,培养学生敏锐洞察计算机技术发展方向的能力,培养学生的学科前瞻和创新能力,培养学生自主思考、辨别真假、沟通协作、维护安全网络环境和社会环境的意识和能力。

3. 教学内容

"大学计算机(农林类)"课程的知识单元、理论教学内容及实践要求如表 6-4 所示。

表 6-4 课程知识单元、教学内容及实践要求

知识单元	理论教学内容	实 践 要 求	参考学时
1. 进入信息技术时代	了解当前信息时代的特点以及时代对于大学生的信息技术技能要求;学习信息技术基础知识;理解信息世界,数制和计算规则,数据的表达、存储和传输	掌握信息技术基础知识; 实验 1:信息技术基础知识	4

续表

知识单元	理论教学内容	实践要求	参考学时
2. 理解计算机硬件系统	了解计算机发展史和基本工作原理；学习计算机系统的硬件组成结构和功能；了解多媒体设备；了解计算机故障排查方法；学习微机工作原理和指令系统	掌握计算机硬件系统的组成结构和功能； 了解计算机故障排查方法； 掌握微机工作原理和指令系统 实验 2：操作系统基础知识 实验 2+：微机拆装	4~8
3. 理解计算机软件系统	了解计算机软件系统；学习操作系统功能；学习 Windows 10；了解应用软件（如记事本、画图、计算器、浏览器）的基本使用方法；学习安装软件； 学习多媒体技术和多媒体软件安装和使用；学习压缩技术和相关标准；了解经典应用软件（如压缩软件、图像处理软件、视频编辑软件等）的使用；了解虚拟现实、元宇宙	掌握 Windows 操作的基本技能； 掌握软件的安装、卸载； 掌握多媒体技术基础知识； 了解现代多媒体技术； 实验 3：操作系统基础知识 实验 3+：多媒体技术基础知识、多媒体软件实操	4~8
4. 浏览网络世界	学习计算机网络基础知识，了解网络的组成结构、拓扑结构、传输介质、连接设备；学习互联网模型和 TCP/IP 协议；掌握如何接入网络、Internet 典型应用；了解计算机安全和网络安全； 了解从 IPv4 到 IPv6 的演变；学习移动互联网基础知识	掌握计算机网络基础知识； 掌握网络互联模型与配置； 掌握互联网协议； 了解网络安全和计算机安全基础知识； 了解移动互联网知识； 掌握固网和移动网 IPv6 工作原理； 实验 4：计算机网络基础知识、计算机安全和网络安全基础知识 实验 4+：构建个人无线网络	4~8
5. 开启程序设计之门，体验算法之美	初识程序设计，认识计算思维，了解基本数据结构和算法；掌握计算机问题求解思想与方法；理解编程基本语法知识；掌握顺序、分支与循环程序设计；了解 IDE 和 Python 编程；了解函数式编程和 Python 基本图形处理方式；掌握程序调试方法； 掌握 Python 程序设计，掌握计算机问题求解方法与设计；掌握典型算法应用（排序算法、递归算法等）	掌握程序设计基础知识； 掌握三种基本程序结构； 了解程序调试方法； 掌握 Python 编程和调试； 掌握算法与问题求解综合应用； 实验 5：程序设计基础知识、Python 猜数游戏与图形绘制； 实验 5+：求解 N 个数的最大值	4~12
6. 提高办公效率	学习 Office 系列软件，掌握 Word、PowerPoint、Excel 的使用；了解 Outlook、OneNote、Visio 的使用； 学习 Excel VBA 编程；学习 Access 数据库应用程序使用	掌握 Word 应用程序使用； 掌握 PowerPoint 应用程序使用； 掌握 Excel 应用程序使用； 掌握 Excel VBA 编程； 掌握 Access 数据库应用程序使用； 实验 6：Office 软件使用基础、Word 使用、PowerPoint 使用、Excel 使用； 实验 6+：Excel VBA 编程	8~12

续表

知识单元	理论教学内容	实 践 要 求	参考学时
7. 走进大数据	理解数据、技术与思维、海量数据;掌握大数据基础知识与应用;理解可视化的数字社会;了解农业大数据应用; 掌握建立 Access 数据库、输入数据、查询数据等;了解大数据分析流程与大数据应用	了解大数据技术基础知识; 掌握 Access 数据库编程; 实验 7: 大数据处理基础知识; 实验 7+: 大数据存储与大数据分析	2~4
8. 探索人工智能和物联网	了解人工智能简史与研究领域;初步掌握人工智能基本知识,包括推理方法、机器学习、深度学习等,了解农业人工智能应用等;了解物联网的核心技术、物联网的产生与发展、物联网体系结构与物联网通信技术; 认识模拟人类专家的专家系统、模拟生物特性的智能计算、模拟生物神经系统的人工神经网络与机器学习等;初步掌握游戏中的人工智能技术;掌握我们身边的物联网和农业物联网典型应用	了解人工智能、机器学习、深度学习概念和方法; 了解物联网及核心技术; 掌握简单的人工智能技术; 掌握物联网应用; 实验 8: 人工智能基础知识、物联网基础知识; 实验 8+: 遗传算法求解 TSP 问题	2~4
总学时			32~64

4. 实施方案

1) 教学组织与实施

本课程以 32 学时为例,其中理论教学为 16 学时、实验教学为 16 学时。建议采取每周 2~3 学时理论教学,1~2 学时实践教学。理论教学将覆盖"大学计算机"课程的基本内容,实践教学包括计算机基本操作、Office 应用程序使用、VBA 及 Python 编程初步、物联网、大数据与人工智能技术初步应用等,以加深对现代信息技术和理论教学内容的理解。由于本课程实践性很强,需要大量的实验才能达到融会贯通的效果。所以需要增加课外实验机时,建议提供 1∶2 的课内与课外的实验比例。

目前线上教学资源丰富,原有课堂教学与线上教学相结合的混合式教学模式受到越来越广泛的关注。建议采取课堂教学与网上学习相结合的方式。

2) 课程教学方式

本课程作为农林海洋类大学本科各专业的公共计算机基础课程,重点介绍计算机的基本理论、基本应用,强调计算机应用能力的训练和实践,提高学生应用计算机解决问题的能力与自主学习能力,建立创新意识,掌握问题求解分析能力,逐步构建计算思维意识和独立思考、积极思考的习惯。

随着计算机和移动网络应用的普及,针对学生的计算机应用水平基础的差异性与专业需求的不同,可以辅以线上课程自修的混合教学模式。即先由学生通过网上课程或课程资料自学,再随班进行学习,通过课堂讲授、实践等掌握课程内容,锻炼相应能力。注意,部分内容需要学生通过自学完成,教师在课内进行概括性提示、案例示范等方式进行教学。提倡按照教学的层次设计作业，提高自选专题研究大作业的比例，注重培养学生自主学习研究的能力以及解决实际问题的能力。

3）课程的考核方案

根据新的教学目标和要求，合理地评定学生的学习情况，成绩的评定注重学习过程，根据平时上课状况与回答问题的情况、作业完成情况、课堂讨论情况、网上教学活动参与的积极性、选作题目难度、实验报告完成的质量等多方面进行综合评定。

基于学习过程的能力考核（通过/不通过），其中基础知识（理论测试）占 50%、单元作业 20%、单元测试 20%、拓展实验占 10%。

6.6 人工智能导论

1. 课程描述

课程定位：本课程是针对包括人文社科类的全校各专业本科生的一门通识课程，主要介绍现代人工智能先进实用技术的基本算法思想以及应用思路，为学生学习不同学科的思想方法以及进一步学习与应用人工智能技术奠定基础。

课程对象：各专业本科生。

建议学时：32 学时。

2. 教学目标

本课程的教学目标是把握人工智能技术的前沿知识、研究热点以及发展趋势。通过本课程的学习，应在知识、能力和素质三方面到达以下基本要求。

- **知识目标**：了解人工智能的特点、主要研究领域、研究历史及未来发展动向，以及人工智能伦理。掌握人工智能算法的生物与社会背景以及基本思想，掌握应用人工智能解决问题的思路和应用实例。
- **能力目标**：要求学生掌握人工智能+的基本创新方法，结合自己的专业提出利用人工智能解决问题的思路，从而更好地掌握人工智能知识，培养学生的理论联系实际能力和创新能力，逐步培养他们发现问题、提出问题、分析问题和解决问题的能力。
- **素质目标**：通过人工智能知识的基础性、整体性、综合性、广博性，使学生拓宽视野，着力提高各专业学生的科学素质和优化学生的知识结构，强调实际应用能力和综合素质的培养，使学生能够综合运用所学知识和技能解决复杂工程问题。

3. 教学内容

"人工智能导论"课程的知识单元、理论教学内容及实践要求如表 6-5 所示。

表 6-5　课程知识单元、教学内容及实践要求

知 识 单 元	理 论 教 学 内 容	实 践 要 求	参考学时
1. 人工智能的发展与主要应用领域	你了解人类的智能吗？ 人工智能的孕育和诞生； 人工智能几起几落曲折发展； 大数据驱动的人工智能的发展； 人工智能研究的基本内容； 人工智能的主要应用领域； 人工智能伦理的成因分析、治理原则、治理措施	提交最新人工智能在学生所在专业领域与应用总结报告，给出参考文献	3
2. 知识表示与知识图谱	你了解人类知识吗？ 知识及知识表示的概念； 产生式知识表示法； 框架知识表示法； 知识图谱	了解产生式推理实验程序的运行。查阅知识图谱等新技术的应用与发展趋势	3
3. 模拟人类思维的模糊推理	推理的概念与分类、冲突消解； 模糊集合与模糊知识表示； 模糊关系与模糊关系的合成； 模糊推理与模糊决策； 模糊推理的应用	了解模糊推理实验程序的运行。查阅模糊推理的应用案例	3
4. 搜索策略	搜索的概念； 如何将对象用状态空间表示； 回溯策略； 盲目的图搜索策略； 启发式图搜索策略	了解搜索实验程序的运行。查阅搜索策略的应用案例	3
5. 模拟生物进化的遗传算法	进化算法的生物学背景； 遗传算法； 遗传算法的主要改进算法； 基于遗传算法的调度方法	了解遗传算法优化实验程序的运行。查阅遗传算法的应用案例	3
6. 模拟生物群体行为的群智能算法	群智能算法的生物学背景； 模拟鸟群行为的粒子群优化算法； 模拟蚁群行为的蚁群优化算法	了解粒子群、蚁群等群智能算法优化实验程序的运行。查阅粒子群、蚁群等群智能算法的应用案例	2
7. 模拟生物神经系统的人工神经网络	人工神经元与人工神经网络； 机器学习的先驱——Hebb 学习规则； 掀起人工神经网络第一次高潮的感知器； 掀起人工神经网络第二次高潮的 BP 学习算法	了解 BP 神经网络学习算法等优化实验程序的运行。查阅 BP 神经网络的应用	3

续表

知识单元	理论教学内容	实践要求	参考学时
8. 机器学习与深度学习	机器学习的基本概念； 机器学习的分类； 知识发现与数据挖掘； 动物视觉机理与深度学习的提出； 卷积神经网络与胶囊网络； 生成对抗网络及其应用； 大模型及其应用	了解卷积神经网络、生成对抗网络等学习算法等实验程序的运行。查阅卷积神经网络、生成对抗网络等以及大模型的应用	4
9. 专家系统	专家系统的产生与发展； 专家系统的概念； 专家系统的工作原理； 简单的动物识别专家系统； 专家系统开发工具； 专家系统开发环境	了解专家系统实验程序的运行。查阅卷专家系统的应用案例	2
10. 自然语言理解	自然语言理解的概念与发展； 语言处理过程的层次； 机器翻译方法概述； 循环神经网络； 基于循环神经网络的机器翻译； 语音识别	了解基于深度学习的自然语言理解的实验程序的运行。查阅机器翻译、语音识别应用最新进展	2
11. 计算机视觉	计算机视觉概述； 计算机视觉数字图像； 基于深度学习的计算机视觉； 基于计算机视觉的生物特征识别	了解基于深度学习的计算机视觉的实验程序的运行。查阅计算机视觉的应用最新进展	2
12. 智能机器人	机器人的产生与发展； 机器人中的人工智能技术； 智能机器人的应用； 智能机器人技术展望； 智能机器人伦理问题	了解基于深度学习的智能机器人的实验程序的运行。了解机器人中的人工智能技术和各种智能机器人的应用与研究进展，了解智能机器人伦理问题	2
总学时			32

4. 实施方案

1）教学组织与实施建议

人工智能通识课程教学内容覆盖了人工智能的主要应用领域，精选了人工智能技术的一些前沿热点，体系完整。人工智能通识课既不能把通识课当成专业课来讲，导致很多非计算机类专业的学生，尤其是人文社科专业的学生理解不了，又不能空谈人工智能的概念，不讲具体的人工智能算法，导致学生以后不能把人工智能技术与所要解决的问题联系起来。教学过程中运用大量日常生活中的例子，跳出晦涩复杂的概率论、数理专业、算法理论，结合"人文"来讲人工智能，让这些"长满刺"的人工智能知识变得"平易近人"。以浅显易懂的方式诠释人工智能精髓，启迪算法理解，让人文社科类专业的学生也能听得懂原本深奥的人工智能技术。尽可能介绍一些能够为本科生理解的应用实例，引导学生学习应用新理论解决实际问题的方法，在理论、技术和应用方面取得平衡。

课程实验按照"理解、模仿、编写、创新"的方式，鼓励学生逐步深入理解人工智能算法的基本思想和方法，达到培养学生解决复杂工程问题的能力目标。

人工智能通识课程的实践教学可以分为下列几个层次。

①在实验指导书中选择若干实验，设置实验课，或者作为课程作业布置给学生完成。

②对人文社科专业学生，主要是通过教师在课堂教学中演示实验过程。

③有兴趣、程序设计基础好的学生可以自己完成一些实验，提交实验报告，列入过程化考核。

2）考核方案建议

依据本课程教学设计方案规定的课程目标、教学内容和要求组织考核，采用过程化考核和终结性考核相结合的形式进行。可参考如下方案。

成绩的组成：过程化考核成绩+期末成绩。建议强化过程化考核，过程化考核成绩建议占比为50%～70%。期末考核成绩建议占比为30%～50%。

过程化考核包括以下两部分。

（1）过程化考核成绩可来自课内研讨（包括微信群等形式讨论）、线上学习、实践训练、作业等多种形式。

（2）过程化考核通过完成下列书面报告（可以选择部分内容）。

①学生从自己专业视角，探讨人工智能中的一些问题，理解人工智能方法。

②学生查阅与自己专业相关的人工智能应用资料，并进行总结与分析。

③设计人工智能算法实验，提交实验报告。

④学生总结学习人工智能课程的收获。

期末考试的考试方式建议采用开卷或者闭卷考试，主要考核学生对基本概念、基本方法和人工智能应用思路的理解。其题型包括客观论述题和主观论述题。

第 7 章 程序设计类课程参考方案

7.1 程序设计类课程改革的必要性和方向

各学科与数据科学和人工智能技术领域的交叉应用越来越广泛,数据处理与机器学习能力成为大学生的基本能力,计算思维与学科交叉能力成为大学生的必备素质。以 GPT-4 为代表的人工智能生成内容(AIGC)技术的出现使 AI 辅助编程能力的提高,极大地减缓程序设计学习曲线的陡峭度,提升非计算机类专业学生程序设计能力的上限。在这样的背景下,针对非计算机类专业学生的程序设计课程改革是十分必要的。以下是这种改革的必要性和可能的方向。

1. 程序设计类课程改革的必要性

程序设计类课程改革的必要性主要体现在以下 4 方面。

(1) 提升数据素养:在大数据与人工智能时代,掌握利用程序进行基本数据分析与处理能力是每位大学生所需的核心素养之一,有助于他们更好地适应数据驱动的社会。

(2) 跨学科应用:程序设计不仅是计算机科学的基础,也是其他学科中数据分析、模型构建和机器学习等活动的关键技能。

(3) 创新能力培养:程序设计教育有助于培养学生的逻辑思维、问题解决和创新能力,这些能力在各专业和领域都是极其宝贵的。

(4) 就业市场适应性:当前就业市场越来越青睐那些具有一定编程能力的应聘者,即使他们的主要专业不是计算机科学。

2. 程序设计类课程改革的方向

程序设计类课程的改革方向如下。

(1) 提升课程内容的实用性:程序设计课程应侧重于实际应用能力培养,除了传统的 C/C++,推荐教授 Python 或 R 等在人工智能和大数据等多个领域都有广泛应用的编程语言,以适应不同的学习需求和职业发展方向。

(2) 结合专业的个性化教学:根据社会对不同专业学生程序设计能力的不同需求,设计个性化的程序设计教学案例。通过构建知识图谱,根据不同专业的特性和能力需求设计课程和学习路径。例如,为材料学专业学生提供机器学习辅助新材料设计的编程案例,为经济学学生提供数据分析和金融建模相关的项目案例。

(3) 算法和数据结构的基础:加强对算法和数据结构等计算机科学的核心概念的教学,融入抽象建模、效率、可靠性、自动化和评价分析等高阶内容,培养计算思维,提升学生解决复杂问题的能力。

（4）项目和实践导向：强调能力培养，通过项目作业、实验室工作或案例研究等形式，使学生在解决实际问题的过程中学习编程，提高解决复杂工程问题的能力。

（5）自动评测和智能评价：利用自动评测平台进行程序设计实践能力培养，借助 AI 辅助对代码进行智能评价，培养学生分析和评价能力，提升程序设计能力和代码质量。

（6）灵活教学：利用网络课程和数字化资源，提供灵活的学习方式，满足不同背景学生的需求。

（7）鼓励创新和跨学科合作：设计一些需要多学科合作的项目，鼓励学生将编程技能应用于自己的主专业领域，促进不同领域间的相互学习和合作。设计部分超出教学目标的开放性教学案例，培养学生的创新思维和意识。

通过上述改革，非计算机类专业的大学生可以更有效地学习和利用程序设计技能，以适应人工智能和大数据时代的挑战。

7.2 C 程序设计

1. 课程描述

课程定位：大学计算机基础教学的一门核心课程，以 C 语言为教学语言学习程序设计，培养运用程序设计方法解决实际问题的能力。

课程对象：各专业学生。

建议学时：48～64 学时。

2. 教学目标

掌握程序设计方法、具备基本的编程技能；能用 C 语言编写调试数值计算程序和数据处理程序；培养学生具有对问题的抽象能力和运用计算机解决问题的能力。

通过本课程的学习，应该在知识、能力和素质三方面达到以下基本教学目标。

- **知识目标**。通过学习 C 程序设计了解计算机的系统结构，学习程序设计的基本思想和基本方法。学会抽象问题、构建算法、编写代码、调试纠错以及算法改进等，为应用打下基础。
- **能力目标**。培养用 C 语言解决有关数值计算问题及数据处理问题程序的初步能力。学会对具体问题进行分析、抽象，选择合理的数据结构和算法，编写和调试程序，能分析所用方法的好坏，不断改进寻优。
- **素质目标**。培养学生养成科学思维方法，能综合运用所掌握的知识和技能解决实际问题，具备实际应用能力和创新能力。

3. 教学内容

"C 程序设计"课程的知识单元、理论教学内容及实践要求如表 7-1 所示。

表 7-1　课程知识单元、教学内容及实践要求

知识单元	理论教学内容	实 践 要 求	参考学时
1. C语言概述	计算机程序，程序设计，计算机语言，C语言的发展，C语言的特点，简单的C语言程序，C语言程序的格式、风格、结构，运行C程序的步骤与方法，简单程序的编写与调试，程序设计的任务	熟悉C集成开发环境的使用方法，能够模仿示例编写程序，掌握C语言源程序的建立、编译、连接和运行的方法与过程，了解编译、连接过程中常见出错信息	2～4
2. 算法	程序=算法+数据结构，算法的特点，算法的表示，程序设计的三种基本结构，结构化程序设计方法	能够根据问题需求使用相应的流程结构构建解决问题的算法，并用流程图或伪代码表示，理解结构化程序设计方法	2～4
3. 顺序程序设计	常量与变量，基本数据类型（整型数据、字符型数据、浮点型数据），运算符和表达式，C语句，数据的输入输出	能够编写调试简单顺序结构的程序。熟悉调试程序的基本手段。能够根据问题选择合理的数据类型，构建表达式进行计算、注意计算过程中运算符的优先级和结合性，以及不同类型数据混合运算时类型的变化，避免由溢出等误差产生的程序错误	6～8
4. 选择结构程序设计	选择结构和条件判断，关系运算符和关系表达式，逻辑运算符和逻辑表达式，条件运算符和条件表达式，if语句，switch语句，选择结构的嵌套	能够编写和调试包含选择结构的程序；能够根据问题构建条件表达式进行判断；熟练掌握if和switch两种选择语句，理解二者的差别，根据问题需要选择合适的条件语句构建程序；构建嵌套的选择结构，编写程序	4～6
5. 循环结构程序设计	循环控制，while语句，do…while语句，for语句，循环的嵌套，循环终止语句break语句和continue语句	能够编写调试包含循环结构的程序。能够根据问题构建循环结构，控制循环执行次数或循环执行的条件，熟练掌握while语句、do…while语句和for语句，理解每种循环语句的C语言执行机制，几种不同循环语句的关系与区别，break语句和continue语句的使用方法，循环嵌套的执行机制，能灵活选择循环语句，利用循环条件和break语句、continue语句退出循环，以及构建复杂的嵌套循环。掌握常用数值计算算法及其程序实现	6～8
6. 数组	一维数组的定义和初始化，一维数组元素的引用，二维数组的定义和初始化，二维数组元素的引用，字符数组的定义和初始化，字符数组元素的引用，字符数组与字符串，字符数组的输入输出，字符串处理函数	掌握一维数组的应用及使用一维数组处理数据的程序实现。掌握二维数组的应用及使用二维数组处理数据的程序实现。掌握几种常用的排序、查找算法及其程序实现。掌握字符处理及字符串处理库函数的使用方法。掌握字符串处理的常见算法及其程序实现	6～8

续表

知识单元	理论教学内容	实 践 要 求	参考学时
7. 函数	函数的定义，函数的调用，函数原型，函数的引用性声明，递归函数，函数的参数，局部变量与全局变量，变量的存储方式与生存周期，内部函数与外部函数	掌握函数的定义与引用。能够编写递归函数实现程序功能。能够根据问题需要定义不同作用域范围和不同存储方式的变量，将复杂程序的功能分解对应不同函数，通过分治的方法简化问题，利用函数实现复杂问题的求解	6~8
8. 指针	指针，指针变量的定义、引用及作为函数参数，通过指针引用数组（定义指向数组元素的指针、通过指针引用数组元素、指针的运算、数组名作为函数参数、通过指针引用多为数组），通过指针引用字符串，指向函数的指针，返回值为指针的函数，指针数组和多重指针，带参数的 main 函数，内存的动态分配	掌握指针在程序中的应用及使用指针的程序设计与实现	8~10
9. 自定义数据类型	结构体类型（声明结构体类型，结构体变量的定义和初始化、结构体变量的引用，结构体数组，结构体指针），链表，声明共用体类型，共用体类型与结构体类型的区别与关系，枚举类型	掌握结构体类型在程序中的应用，能够用结构体类型变量、数组、指针处理问题。掌握链表的应用及各种链表操作的程序设计与实现。掌握共用体类型在程序中的应用。掌握枚举类型在程序中的应用。根据实际需要利用复合类型数据处理复杂问题	6~8
10. 文件	文件的基本知识，文件指针，文件的打开与关闭，顺序文件读写操作，随机文件读写操作，文件操作中的常用函数，文件读写的错误检测	掌握文件的建立、打开、关闭和读写操作及其程序设计	2~4
总学时			48~64

4．实施方案

1）教学组织与实施建议

教师根据校情和学情组织教学，建议安排同步的实验教学，充分应用新兴信息技术组织教学与实践。建议使用支持自动评测的数字化教学平台进行作业和实践训练，提高编程实践能力和交互效率，积累教学过程数据，推进智慧教学。

（1）理论教学组织。

C 程序设计的教学组织应匹配社会对学生计算能力和数据分析与处理能力的需求，建议以学生熟悉的数值计算问题为案例进行程序设计入门教学，围绕数值计算讲授数值类型、常用运算、流程控制和函数定义与使用等内容。掌握程序设计的基本方法和流程控制后，建议围绕数据处理与分析为核心组织教学，将字符串、序列、集合、字典等数据类型的教学和文件读写、数据可视化等内容与数据的分析紧密结合，将知识融入数分析的过程中，培养学生解决数据问题的能力，为各学科进行大数据与人工智能等交叉领域应用打下坚实的基础。

（2）实践教学组织。

实践教学将综合模仿性、综合性、设计性实验，采用易到难的组织方式循序渐进组织教学，将常用算法、难点、易错点等融入实践项目中，通过上机实践培养学生使用程序设计方法解决问题的能力。要至少掌握 2 种编译环境，理解不同 C 编译环境与相关 C 标准的关系，掌握基础算法、程序设计方法、排错和调试能力、算法评价方法，在问题求解中理解抽象与自动化的含义，培养缜密的思考、效率意识和工程化的思想。

课程实验应与课堂讲授内容同步，设计或选用配套的实验训练项目，鼓励学生按照"理解、模仿、编写、创新"的方式，逐步深入理解和掌握程序设计的思想和方法，掌握应用算法解决各类问题的能力。使学生通过训练，掌握采用分而治之的思想对复杂问题进行拆分再逐个编程实现的方法，达到培养学生解决复杂工程问题的能力目标。由于本课程的实践性很强，所以要求学生进行大量的编程训练。建议学生在实践课程中完成 2000 行以上的代码训练量，并且还能通过组队方式，借助 AI 辅助，可以与自身专业和兴趣爱好相结合开发程序设计项目，其中每个学生需要能独立完成 200 行以上代码。

2）考核方案建议

依据本课程教学设计方案规定的课程目标、教学内容和要求组织考核，采用过程化考核和终结性考核相结合的形式进行。可参考如下方案。

成绩的组成：过程化考核成绩+期末考试成绩（机考或闭卷考试）。

- 过程化考核。过程化考核成绩建议占比为 40%～70%，强化过程化考核，过程化考核成绩可来自课内研讨、线上学习、实践训练、作业、课程设计等多种形式，主要考核学生阅读程序能力、独立编写及调试程序能力、模块化分解能力、项目协作能力、编写技术文档等工程化软件开发能力。
- 期末考试。①考试方式：建议采用上机考试，主要考核学生的程序设计能力。②题型：可全部用编程题或以编程题为主，客观题占比建议不超过 40%。编程题通过足够数量测试用例进行考核，重点考查学生问题求解能力、综合应用能力和分析评价能力。

7.3　C++程序设计

1. 课程描述

课程定位：大学计算机基础教学的核心课程，主要以 C++为教学语言讲授程序设计方法，培养利用计算思维和程序设计方法解决简单工程问题的能力。

课程对象：各专业学生。

建议学时：32～48 学时。

2. 教学目标

掌握 C++程序设计的基本技术、面向过程的结构化程序设计方法和面向对象的程序设计方法，初步了解泛型程序设计方法。能够编写中等规模的 C++程序，解决简单的工程问题。

通过本课程的学习，应在知识、能力和素质三方面达到以下基本教学目标。

- **知识目标**：通过 C++程序设计课程学习，使学生理解计算思维，掌握 C++的基本语法和程序设计方法，掌握程序调试与简单的测试技术。
- **能力目标**：能够编写程序解决中等难度的工程计算问题，能够识别和分析简单的事务处理需求，并设计程序解决需求问题。
- **素质目标**：培养主动学习和探索的良好学习习惯、团队协作的意识和素质、勇于和善于分析问题解决问题的素质，以及系统观念。

3. 教学内容

"C++程序设计"课程的知识单元、理论教学内容及实践要求如表 7-2 所示。

表 7-2 课程知识单元、教学内容及实践要求

知识单元	理论教学内容	实 践 要 求	参考学时
1. 绪论	计算机系统、计算机语言和程序设计方法的发展、面向对象的基本概念、程序的开发过程、计算机中的信息与存储单位	学会一种集成开发环境的安装和使用	2
2. 简单程序设计	C++语言概述、数据的输入与输出、基本数据类型和表达式、流程控制	能够编写顺序、选择、循环结构的程序，学会单步执行、设置断点、观察变量和表达式值等程序调试技术	4
3. 函数	函数的定义与使用、内联函数、带默认参数值的函数、函数重载、C++系统函数	掌握函数的定义和调用方法，能够使用重载函数，能够使用系统函数。能够通过调试工具跟踪函数的调用与返回过程、传值和传引用调用	2
4. 类与对象	面向对象程序的基本特点、类与对象、构造函数、析构函数、类的组合、结构体与联合体、枚举类	掌握类的声明和使用，掌握具有不同访问属性的成员的访问方式，能恰当使用类的组合。能够用调试工具跟踪观察类的构造函数、析构函数、成员函数的执行顺序	4
5. 数据的共享与保护	标识符的作用域与可见性、对象的生存期、类的静态成员、类的友元、共享数据的保护、多文件结构和编译预处理命令	理解程序运行中变量的作用域、生存期和可见性；掌握类的静态成员的使用；掌握多文件结构在 C++程序中的使用	2
6. 数组	数组的定义与初始化、数组作为函数的参数、对象数组、基于范围的 for 循环	在程序中使用数组数据对象；了解标准 C++库的使用；掌握指针的使用方法；跟踪程序的执行过程，观察指针的内容及其所指的对象的内容	4

续表

知识单元	理论教学内容	实践要求	参考学时
7. 指针与动态内存分配	指针的定义和运算、指针与数组、对象指针、动态内存分配	掌握指针的使用方法；通过动态内存分配实现动态数组，并体会指针在其中的作用；分别使用字符数组和标准 C++库处理字符串方法	2
8. 类的继承	继承的基本概念和语法、继承方式、派生类的构造和析构、派生类成员的标识与访问	学会声明和使用类的继承关系；熟悉不同继承方式下对基类成员的访问控制；学会利用虚继承解决二义性问题	2
9. 多态性	虚函数、抽象类、运算符重载	掌握运算符重载的方法；学会使用虚函数实现动态多态性	2
10. 模板与STL	函数模板、类模板、STL 简介	能够编写简单的容器类模板、函数模板。了解 C++标准模板库 STL 的容器类的使用方法，应用标准 C++模板库（STL）通用算法和函数对象实现查找与排序	3
11. 数据的输入与输出	IO 流的概念、文件的概念和使用、输出流（文本输出、二进制输出）、输入流（文本输入、输入）	熟悉流类库中常用的类及其成员函数的用法；学会使用标准输入输出及格式控制；学会对文件的应用方法（二进制文件、文本文件）	3
12. 异常处理	异常处理的思想与程序实现、异常处理中的构造与析构、标准程序库异常处理	能够编写程序实践和理解 C++的异常处理机制，理解异常处理的声明和执行过程	2
总学时			32

4. 实施方案

1）教学组织与实施建议

建议实验学时与理论学时 1:1，应用 MOOC、人工智能助教辅助课外学习，使用在线自动评测系统（OJ）作为实验环境。

（1）理论教学组织。

以面向对象的程序设计思想为主线，以 C++语言为载体，将面向过程、面向对象和泛型程序设计内容有机融合。

（2）实践教学组织。

与理论内容相对应设计实验，给出实验目的、实验任务、参考程序，使实验成为连接阅读例题和自主完成课后作业之间的桥梁。配实验指导书或在线实验课程。

2）考核方案建议

建议提供可选的多种考核方式，成绩可以由平时成绩（实验、作业）、综合练习（大作业）、期中期末考试几部分组成。

7.4 Python 程序设计

1. 课程描述

课程定位：大学计算机基础教学的核心课程，主要以 Python 为教学语言讲授程序设计方法，培养利用计算思维和程序设计方法解决复杂工程问题的能力。

课程对象：各专业学生。

建议学时：32～64 学时。

2. 教学目标

掌握 Python 程序设计的基本方法，能够编程解决复杂计算问题，能够利用 Python 程序进行基本的数据处理，能够利用分治思想求解复杂工程问题。

通过本课程的学习，应在知识、能力和素质三方面达到以下基本教学目标。

- **知识目标**：通过 Python 程序设计课程学习，使学生了解计算机程序的基本结构和编码规范，学习程序设计的基本思想、方法和技巧，能够应用 Python 的标准数据类型、内置函数、方法、标准库编写程序。
- **能力目标**：培养计算思维和信息素养，能够利用计算机思想、理论、方法和 AI 等新兴技术解决复杂工程问题。能够对实际问题进行抽象、分解和建模，将其转为计算机可求解问题并能够完成各模块之间的组织协调。能够利用 Python 语言解决复杂数学问题和进行数据分析与数据可视化。了解拓展知识和能力的途径，培养自主学习能力、独立思考能力、缜密的思维。能够根据需求，学习相关文档，应用合适的第三方库解决新领域的新问题。培养从事人工智能相关工作所需的数据分析和处理能力。
- **素质目标**：在学习知识的同时，强调实际应用能力和综合素质的培养，使学生能够综合运用所学知识和技能解决复杂工程问题。着重培养学生的沟通协作、分析、评价、批判性思维和创造力。

3. 教学内容

"Python 程序设计"课程的知识单元、理论教学内容及实践要求如表 7-3 所示。

表 7-3 课程知识单元、教学内容及实践要求

知识单元	理论教学内容	实 践 要 求	参考学时
1. Python 语言概述	程序设计语言类型、程序设计语言种类、Python 语言开发环境配置、基本的程序设计方法。了解简单的人机交互、赋值、常量、变量、表达式、分支、循环、函数、编码与命名规范、注释等概念	能够模仿编写具有基本输入、输出的简单程序，编写带有注释且符合命名规范与编码规范的小程序	2～4
2. 数值类型与运算	数据与数据类型的概念、字符串类型、字符串的各种处理方法、数值类型、迭代器类型、常用运算、数学函数的使用，math 库	能够根据问题需求转换数值类型、选择合适的运算符求解简单的数学问题，并能够运用格式化输出	2～4

续表

知识单元	理论教学内容	实 践 要 求	参考学时
3. 程序的流程控制	程序设计的三种基本结构的概念与应用、常用算法、掌握随机数函数的使用方法、range 的基本用法、基本的异常处理方法	能够分析问题并选择正确的程序结构实现流程控制，并利用常用算法解决复杂的数学问题	6～12
4. 函数和代码复用	函数的定义、函数调用方法、函数的参数传递、函数返回值的概念与应用、了解变量作用域、匿名函数、递归及使用、代码复用、内置函数等概念	能够利用分治思想，将复杂问题分解为多个子问题，能够定义函数，并在调用函数的过程中传递参数，利用多个函数解决复杂问题	2～4
5. 字符串类型	索引和切片等通用序列操作、字符串类型和常用操作、random 库等	应用字符串的方法进行基本的文本分析处理，能够将文件中的数据读取为字符串并转为数值类型以进行数据分析	4～8
6. 序列类型	列表类型和操作、元组类型和操作	应用列表的操作方法进行数据处理与分析	4～8
7. 集合与字典	集合的创建与应用、字典的创建与应用方法	应用集合进行去除重复元素和利用集合的并交差等运算对数据进行统计分析。利用字典的特性进行数据存储、检索和统计分析	4～8
8. 文件操作	文件概念、文件的打开与关闭、文件的读写操作、上下文管理器、文件的重命名与删除、CSV 格式文件的读写、JSON 格式文件的读写、文件与文件夹的操作	利用 open() 函数打开 txt、csv 等文本文件进行读写操作，利用 Pandas 读取 Excel 等类型文件中数据	4～8
9. 数据可视化	Numpy 库的基本应用方法、Pandas 数据分析方法、Matplotlib 库中常用绘图方法、wordcloud 库的主要方法	利用 Pandas 进行数据分析和处理、利用 Matplotlib 绘制函数曲线和对文件中各种数据进行可视化展示	4～8
总学时			32～64

4. 实施方案

1）教学组织与实施建议

教师根据校情和学情组织教学，建议安排同步的实验教学，充分运用新兴信息技术组织教学与实践。建议使用支持自动评测的数字化教学平台进行作业和实践训练，提高编程实践能力和交互效率，积累教学过程数据，推进智慧教学。

（1）理论教学组织。

Python 程序设计的教学组织应匹配社会对学生计算能力和数据分析与处理能力的需求，建议以学生熟悉的数值计算问题为案例进行程序设计入门教学，围绕数值计算讲授数值类型、常用运算、流程控制和函数定义与使用等内容。掌握程序设计的基本方法和流程控制后，建议围绕数据处理与分析为核心组织教学，将字符串、序列、集合、字典等数据类型的教学和文件读写、数据可视化等内容与数据的分析紧密结合，将知识融入数据分析的过程中，培养学生解决数据问题的能力，为各学科进行大数据与人工智能等交叉领域应用打下坚实的基础。

（2）实践教学组织。

实践教学结合设计性与综合性的实验，采用从易到难的组织方式循序渐进组织教学，将常用知识点融入实践项目中，通过上机实践培养学生使用程序设计方法解决问题的能力，掌握基础算法、程序设计方法，具备排错和调试能力，培养缜密的思考和效率意识。

课程实验应与课堂讲授内容同步，设计或选用配套的实验训练项目，鼓励学生并按照"理解、模仿、编写、创新"的方式，逐步深入理解和掌握程序设计的思想和方法，掌握运用常用算法解决各类问题的能力。使学生通过训练，掌握采用分而治之的思想对复杂问题进行拆分再逐个编程实现的能力，达到培养学生解决复杂工程问题的能力目标。由于本课程的实践性很强，所以要求学生进行大量的编程训练。建议学生在实践课程中完成 2000 行以上的代码训练量，通过 AI 辅助能独立完成单个项目 200 行以上代码的程序设计项目。

2）考核方案建议

依据本课程教学设计方案规定的课程目标、教学内容和要求组织考核，采用过程化考核和终结性考核相结合的形式进行。可参考如下方案。

成绩的组成为过程化考核成绩+期末成绩（机考或闭卷考试）。

建议过程化考核成绩建议占比为 40%～70%，强化过程化考核，过程化考核成绩可来自课内研讨、线上学习、实践训练、作业等多种形式。

期末考试的考试方式建议采用上机考试，主要考核学生的程序设计能力。其题型可全部用编程题或以编程题为主，客观题占比例建议不超过 40%。编程题通过足够数量测试用例进行考核，重点考查学生编程解决问题的能力、缜密的思维、效率意识和分析评价能力。

7.5 Java 程序设计

1. 课程描述

课程定位：作为大学计算机基础课程体系中的一门核心课程，适合应用型本科院校的人才培养。通过该课程，学生将能够从软件工程的角度深入理解问题解决的策略，并具备一定的计算思维、运用 Java 语言进行面向对象编程的技能，以及解决复杂工程问题的能力。

课程对象：各专业学生。

建议学时：48～64 学时。

2. 教学目标

培养学生运用面向对象的编程思想对实际应用系统进行需求分析、对象建模与编程实现的能力，使学生具备精益求精的工匠精神，并为后续更高级的 Java 语言学习打下基础。

通过本课程的学习,应在知识、能力和素质三方面达到以下基本教学目标。
- 知识目标:掌握面向对象程序设计的基本概念和主要方法;了解 Java 语言的面向对象编程原则,理解类和对象、继承和多态、接口等核心知识与关键技术;熟悉 Java 标准库和常用 API,如 java.lang、java.util、java.io 等。
- 能力目标:能够基于面向对象的基本思想进行问题求解;具备使用 Java 开发工具和集成开发环境(IDE)进行单元测试和程序调试,完成项目开发的能力;能够熟练使用 Java 语言编写面向对象程序,能够针对专业领域的特定应用问题进行分析、设计和求解。
- 素质目标:培养计算思维,能够运用计算机科学的方法和逻辑思维解决复杂问题;养成严谨的编程习惯,具有道德和法律意识,遵守软件开发的编码规范和伦理规范;培养创新意识和团队精神,树立科技强国的理念,能够不断适应技术发展和行业变化,主动学习新技术。

3. 教学内容

"Java 程序设计"课程的知识单元、理论教学内容及实践要求如表 7-4 所示。

表 7-4 课程知识单元、教学内容及实践要求

知识单元	理论教学内容	实 践 要 求	参考学时
1. Java 语言概述	Java 的起源,Java 开发环境,Java 应用程序结构,面向对象程序编程方法	能够描述面向对象程序设计的基本思想,能够熟练搭建和使用集成开发环境编写简单的 Java 程序	2
2. Java 语言基本语法和程序控制结构	标识符、Java 基本数据类型,常量和变量,运算符和表达式,基本控制结构与实现,使用数组	能够根据问题定义变量和数据类型,并设计表达式求解;能够从问题求解的角度,选择顺序、分支和循环程序控制结构编写 Java 程序	4~6
3. 类和对象	类和对象,成员变量和成员方法,封装,内部类和泛型类	能够运用面向对象思想分析问题,设计 UML 类图,能够正确定义类及其成员变量、成员方法和构造方法等,并能够基于类创建对象,能够区分类变量和实例变量、类方法和实例方法,结合封装的思想来理解访问权限	6~8
4. 继承和多态	继承,常见子类对象,多态的定义与作用,方法的重载与覆盖,上转型对象	能够阐述继承和多态的原理,能够运用继承、多态等原理创建子类,能够正确使用 super、final 和 this 等关键字进行编程,能够设计与实现满足实际需求的应用系统,具备实际问题的抽象、建模、分析与创新应用的能力	6~8
5. 抽象类和接口	抽象类,接口,集合框架	能够根据项目需求设计抽象类;理解接口在项目开发的重要作用,学会使用集合接口实现增、删、改、查操作;能够运用面向接口的编程思想进一步优化类、接口之间的关系	8~10

续表

知识单元	理论教学内容	实 践 要 求	参考学时
6. 异常处理	异常及其分类，捕获异常，抛出异常，声明异常，自定义异常	能够阐述异常的处理机制，能够运用 try-catch 语句捕获异常，区分 throw 和 throws，解决实际工程中的程序异常问题，能够根据工程需求设计自定义异常类	2~4
7. 输入输出流	流，标准输入输出流，文件访问，字节流，字符流，随机读写文件，对象串行化	能够使用字节流、字符流、缓冲流和随机读写文件流实现文件的读写操作	6~8
8. 图形用户界面	Swing 简介，Swing 常见组件，布局管理，事件处理	能够运用 Swing 组件设计 GUI 界面；能够根据需要选择合适的布局管理器；能够添加时间处理功能	6~8
9. Java 高级编程	多线程，数据库编程，网络编程，综合案例	学会应用多线程 Thread 类或 Runable 接口实现并发程序，应用 Java 同步机制解决并发资源共享问题，应用 JDBC 进行数据库的增删改查操作；能够设计和实现具有图形化界面的小型应用系统	8~10
总学时			48~64

4. 实施方案

1）教学组织与实施建议

教师依据专业人才培养方案和教学大纲，精心组织课程内容并规划实验教学的合理内容和课时。推荐利用中国大学 MOOC 或其他在线教学平台提供的 Java 语言课程优质资源，实施线上线下相结合的混合教学模式。这种模式能够充分发挥线上教学和线下教学各自的优势，有效提升教学质量和学生学习体验。在教学过程中，遵循 OBE 教育理念和课程思政育人，逐步深化学生对面向对象编程中三个核心特性的理解，并通过知识的不断迭代，培养学生运用面向对象技术解决实际工程问题的能力。

（1）理论教学组织。

在线下教学中，建议采用循序渐进和迭代的方法，在开始每个单元学习时，首先设计能够涵盖本单元关键概念和主要知识点的引例，并以自顶向下方法逐步分解和细化问题的解决步骤以及哪些类、对象等，指出其中涉及的新概念和知识点；然后分别学习，并配以案例说明相应知识的具体应用；最后回顾引例中知识点是否全部解决，从而完成本单元的知识点学习。每个单元知识点学习结束后，建议再根据实际应用设计一个将本单元知识与之前学过的知识联系起来的综合性案例，引导学生按照引例的分析方法分解案例的实现步骤，并编程实现。这样可以增强学生对知识点的记忆，并逐步提高其基于面向对象的问题分析、解决和编程能力。建议案例尽量来源于学生可理解的实际应用，并融入课程思政元素。

线上活动可以结合线下教学，根据不同教学内容布置视频观看、线上讨论、知识点练习等各类教学任务。

（2）实践教学组织。

实践教学内容与理论教学相结合，一般是在理论教学后安排。以设计性与综合性实验项目为主，辅以少量验证性实验，基于项目驱动式方法循序渐进开展实践教学。实验内容可以参考理论教材配套的实验指导书，也可以自行设计。通过实验项目，训练学生能够根据实验目标设计类和创建对象，熟练运用 Java 标准库中的各种类和方法来构建功能丰富的应用程序，从而加深对面向对象编程概念的理解，并提高使用 Java 语言解决实际问题的能力。

通过实践教学培养学生熟练使用集成开发工具进行 Java 程序的编码、调试与测试，养成良好的编程习惯。建议学生独立完成单个项目 800 行以上代码的具有图形化界面的应用系统 2~3 个，学会运用 AI 大模型来辅助编程和解决特定问题，提高开发效率和代码质量。培养学生综合运用面向对象技术和 Java 语言解决实际工程问题的能力，以及在人工智能领域的应用能力和创新思维，进一步培养精益求精的工匠精神，并为学生进一步学习更高级的 Java 技术和框架打下坚实的基础。

2）考核方案建议

依据本课程教学设计方案规定的课程目标、教学内容和要求组织考核，采用过程化考核和终结性考核相结合的形式进行。可参考如下方案。

成绩的组成为过程化考核成绩+期末成绩（机考或闭卷考试）。

建议过程化考核成绩占 40%~60%，过程化考核成绩可来自课内研讨、线上学习、实践训练、作业等。

期末考试的考试方式建议采用机考或闭卷考试，主要考核学生使用面向对象编程进行程序设计、分析和实现的能力。其题型包括程序填空题、程序阅读与错误分析题、编程题和综合设计题。程序填空题、程序阅读与错误分析题，主要考查学生对基本概念的掌握和常用类、常用方法的运用；编程题主要考查学生分析问题并能够应用 Java 语言编程解决问题的能力；综合设计题主要考查学生解决复杂工程问题的能力。

7.6　VB.NET 程序设计

1. 课程描述

课程定位：面向非计算机专业的本科课程，偏文科类专业的程序设计语言，可作为第一门语言必修/选修课，推荐学期为大学一年级下学期或大学二年级上学期。课程培养学生的逻辑思维能力、提高计算机素质，使学生能利用程序设计来解决实际问题。

课程对象：各专业学生。

建议学时：32~64 学时。

2. 教学目标

掌握 VB.NET 程序设计的基本概念和基本方法，掌握面向对象的程序设计基本概念和三要素，训练学生的逻辑分析能力，以正确的计算思维方法去解决问题，从而初步具备在现代编程环境下解决实际问题的能力。

通过本课程的学习，应在知识、能力和素质三方面达到以下基本教学目标。

- **知识目标**：通过 VB.NET 程序设计课程学习，使学生了解计算机程序的基本结构和编码规范，学习程序设计的基本思想、方法和技巧，能够应用 VB.NET 中的界面控件设计界面，能够利用常用算法编写程序。
- **能力目标**：培养计算思维和信息素养，能够利用计算机思想、理论、方法和 AI 等新兴技术解决复杂工程问题。能够对实际问题进行抽象、分解和建模，将其转为计算机可求解问题并能够完成各模块之间的组织协调。能够利用 VB.NET 语言解决专业基本问题。了解拓展知识和能力的途径，培养自主学习能力和独立思考能力。能够根据需求，学习相关文档。
- **素质目标**：在学习知识的同时，强调实际应用能力和综合素质的培养，使学生能够综合运用所学知识和技能解决复杂工程问题。着重培养学生的沟通协作、分析、评价、批判性思维和创造力。

3. 教学内容

"VB.NET 程序设计"课程的知识单元、理论教学内容及实践要求如表 7-5 所示。

表 7-5　课程知识单元、教学内容及实践要求

知识单元	理论教学内容	实 践 要 求	参考学时
1. VB.NET 入门基础	理解 VB.NET 的基本概念，.NET 的主要特性及集成开发环境，VB.NET 框架、应用程序创建的过程以及文件的组成、编码规则，能够编写一个简单的应用程序	能够模仿编写简单界面，具有基本输入、输出的简单程序	2~4
2. 面向对象的可视化编程基础	理解面向对象的可视化编程涉及的概念，包括类和对象的基本概念，对象的属性、方法和事件，掌握窗体、标签、文本框、命令按钮、图片框控件的使用	能够编写小程序，包含简单界面，包含常用控件，如窗体、标签、文本框等的程序	2~4
3. VB.NET 程序设计基础	掌握 VB.NET 的数据类型、变量和常量的定义规则及使用，运算符及其优先级，表达式书写及表达式值的类型，常用函数，命名空间，赋值语句，与用户交互的函数	能够根据问题需求，正确使用表达式，正确选择数值类型、选择合适的运算求解简单的问题，并能够运用常用的函数	2~4
4. 基本控制结构	掌握单边、双边和多边 IF 语句的格式和使用；IF 语句的嵌套；情况语句 Select Case 的格式和使用；选择控件与分组控件；For 循环结构形式和使用；Do…Loop 循环结构形式和使用；循环的嵌套及辅助语句；滚动条、进度条和定时器控件的使用	能够分析问题并选择正确的程序结构实现流程控制，并利用常用算法解决复杂的问题	6~12

续表

知识单元	理论教学内容	实 践 要 求	参考学时
5. 数组	掌握数组的概念、数组声明及数组大小定义、数组元素的引用,数组的操作常用算法、结构类型的概念及使用,列表框和组合框的使用	能够应用数组,进行基本的统计、分析处理,能够将数据存储到数组,并利用数组进行排序	4~8
6. 过程	理解过程的概念,掌握子过程和函数过程的使用,掌握形参与实参、参数传递方式,掌握过程的递归调用,了解常用算法	能够定义和调用子过程及函数过程。能够正确地进行参数传递,并理解值传递和地址传递的含义	4~8
7. 用户界面设计	掌握菜单的设计,掌握通用对话框和自定义对话框的应用,工具栏的应用,鼠标和键盘事件过程	能够使用用户界面基本控件设计界面,能够设计多窗体应用程序,使用共享事件过程编写程序	4~8
8. 数据文件	理解文件的基本概念,掌握顺序文件、随机文件和二进制文件的基本操作	能够使用函数方式,读写顺序文件、文本文件等	4~8
9. 图形应用程序	掌握坐标系变换的实现,掌握基本矢量图形的绘制,掌握统计图的绘制,掌握艺术图的绘制,了解图像简单处理的实现	能够使用 GDI+对象进行基本图形绘制,并能绘制艺术图、统计图等	4~8
总学时			32~64

4. 实施方案

1)教学组织与实施建议

教师根据校情和学情组织教学,建议安排同步的实验教学,充分运用新兴信息技术组织教学与实践。建议使用支持自动评测的数字化教学平台进行作业和实践训练,提高编程实践能力和交互效率,积累教学过程数据,推进智慧教学。

(1)理论教学组织。

首先,VB.NET 程序设计的理论教学组织采用案例教学法。每个章节知识点以案例为开始,以问题求解驱动式的教学方法,将程序设计基础与应用相结合。讲深讲透基本语法、程序三种基本结构、过程等难点重点。

其次,充分利用现代教育教学手段方法,采用线上线下混合式教学。在线 MOOC 课程、教学视频、常见问题解答、学生创新作品等丰富的在线资源为不同程度的学生自主学习提供便利,充分利用碎片化的时间进行深入学习。

(2)实践教学组织。

实践教学将设计性与综合性的实验相结合,采用易到难的组织方式循序渐进组织教学,将常用知识点融入实践项目中,通过上机实践培养学生使用程序设计方法解决问题的能力,掌握基础算法、程序设计方法、排错和调试能力,培养缜密的思考和效率意识。

课程实验应与课堂讲授内容同步,设计或选用配套的实验训练项目,鼓励学生并按照"理解、模仿、编写、创新"的方式,逐步深入理解和掌握程序设计的思想和方法,掌握运用常用算法解决各类问题的能力。使学生通过训练，掌握采用分而治之的思想对复杂问题进行拆分再逐个编程实现，达到培养学生解决复杂工程问题的能力目标。由于本课程的实践性很强，所以要求学生进行大量的编程训练。建议学生在实践课程中完成2000 行以上的代码训练量，通过 AI 辅助能独立完成单个项目 200 行以上代码的程序设计项目。

2）考核方案建议

依据本课程教学设计方案规定的课程目标、教学内容和要求组织考核，采用过程化考核和终结性考核相结合的形式进行。可参考如下方案：

成绩的组成为过程化考核成绩+期末成绩（机考或闭卷考试），建议过程化考核成绩建议占比为 40%～70%，强化过程化考核，过程化考核成绩可来自课内研讨、线上学习、实践训练、作业等多种形式。

期末考试的考试方式建议采用上机考试，主要考核学生的程序设计能力。其题型可全部用编程题或以编程题为主，客观题占比例建议不超过 40%。编程题通过足够数量测试用例进行考核，重点考查学生编程解决问题的能力、缜密的思维、效率意识和分析评价能力。

7.7 微信小程序开发

1. 课程描述

课程定位：大学计算机基础教学的核心课程，主要以 WXML+WXSS+JavaScript 为教学语言讲授微信小程序开发设计方法，训练学生编写程序的熟练度和规范性，增加对实际软件项目开发的经验。

课程对象：各专业学生。

建议学时：32～64 学时。

2. 教学目标

掌握微信开发者工具开发小程序应用应具备的基础知识，包括小程序简介、开发环境搭建、框架、Flex 布局、组件、网络、媒体、界面等 API 的相关知识。通过理论教学和上机练习训练学生编写程序的熟练度和规范性；在项目经验的积累方面，通过完成项目案例，增加对实际软件项目开发的经验。

通过本课程的学习，应在知识、能力和素质三方面达到以下基本要求。

- **知识目标**：通过微信小程序开发设计课程学习，掌握微信小程序的框架布局、样式、组件、各类 API。
- **能力目标**：熟悉微信小程序的开发工具和调试技巧，能够高效地进行开发和调试；掌握微信小程序的各类组件和 API，能够实现各种模块功能，如媒体播放、数据存储、地图定位等；具备从创建开发者账号、项目创建、代码编写、上线准备等全周期过程的项目开发和管理能力。具备良好的团队协作和沟通能力,能够在团队项目中发挥自己的作用,共同完成项目任务。
- **素质目标**:在学习知识的同时,强调实际应用能力和综合素质的培养,使学生能够综合运用所学知识和技能解决复杂工程问题。着重培养学生的沟通协作、分析、评价、批判性思维和创造力。

3. 教学内容

"微信小程序开发"课程的知识单元、理论教学内容及实践要求如表 7-6 所示。

表 7-6 课程知识单元、教学内容及实践要求

知识单元	理论教学内容	实践要求	参考学时
1. 微信小程序入门	小程序概述、准备工作和开发工具的安装使用	能够注册小程序开发者账号并下载安装微信开发工具	2~4
2. 第一个微信小程序	如何创建第一个微信小程序、小程序目录结构、开发者工具的基础用法	能够使用微信开发者工具创建第一个小程序项目,并使用按钮、文本等简单组件实现简单功能。 参考案例:简易登录小程序	2~4
3. 小程序框架	小程序框架结构,WXML 数据绑定、WXSS 样式和 Flex 布局的概念	能够熟练配置 tabbar 页面,使用 Flex 布局快速搭建常用布局,例如九宫格或列表布局。 参考案例:通讯录小程序/九宫格布局小程序	2~6
4. 小程序组件	组件的介绍和分类,视图容器组件、基础内容组件、表单组件、导航组件、媒体组件、地图组件、画布组件	能够综合应用各类组件(如图片、文本、单选框、按钮、容器组件等)组合形成页面内容,实现用户交互和表单数据收集。 参考案例:心理测试小程序/猜数字小游戏	4~6
5. 网络 API	小程序网络基础,发起/中断网络请求,文件的上传/下载	能够熟练掌握小程序请求接口的使用,并通过用户输入的动态指定调用网络请求接口返回对应的值。 参考案例:成语词典小程序/天气预报小程序	2~4
6. 媒体 API	图片、录音、音频、视频,以及相机管理	能够使用媒体接口进行音视频等资源的播放、暂时、跳转指定时间等功能。 参考案例:音乐播放器小程序/口述校史小程序	4~6
7. 文件 API	文件的保存,获取文件信息,获取本地文件列表和信息,删除文件,打开文档	能够熟练掌握文件的保存、文件信息获取、文件打开等功能。 参考案例:个人相册小程序/电子书橱小程序	4~6

续表

知识单元	理论教学内容	实 践 要 求	参考学时
8. 数据缓存 API	数据本地缓存的概念，掌握数据同步/异步存储、获取、删除、清空的方法	能够熟练掌握本地数据的存储、获取、删除和清空方法。 参考案例：极简清单小程序/医疗急救卡小程序	2~6
9. 位置 API	获取、选择、查看地理位置，地图组件控制的应用	能够基于地图组件设置指定的地理位置，可以进行查看、缩放、选择等。 参考案例：红色旅游地图小程序/会议邀请函小程序	2~4
10. 设备 API	获取系统信息，网络状态、Wi-Fi，传感器（罗盘与加速度计），用户行为捕获（截屏、扫码、剪贴板、通话），手机状态（内存、屏幕亮度、振动）	能够熟练使用其中一种设备接口制作小应用，例如使用罗盘传感器制作指南针、使用加速度计识别用户"摇一摇"动作等。 参考案例：幸运抽签小程序/指南针小程序	2~4
11. 界面 API	交互反馈（提示框、模态弹窗、操作菜单），导航条与 tabbar 设置，页面导航，动画，页面位置、下拉刷新控制等	能够使用交互反馈进行提示框、弹窗或菜单操作，能够使用动画效果制作图像或组件变形、旋转、位移等动作等。 参考案例：幸运大转盘抽奖小程序	2~4
12. 画布 API	初始化画布，绘制矩形、路径、文本、图片等，颜色与样式设置，保存与恢复，变形与剪裁	能够熟练掌握画布组件的应用，包括画笔的样式设置、图案、图像、文本的绘制，画布状态的保存与恢复设置等。 参考案例：你画我猜小程序/手绘电子时钟小程序	2~4
13. 综合设计应用实例（可选）	小程序 AI、小程序服务平台，以及小程序全栈开发相关知识	能够综合应用所学微信小程序知识，进行小程序 AI、小程序服务平台或小程序全栈开发。 参考案例：基于腾讯智能对话平台+ColorUI 的机器人小程序/基于微信 OCR 识别+ Vant Weapp 的银行卡包小程序/基于 WAMP+ThinkPHP 的高校新闻小程序	2~6
总学时			32~64

4. 实施方案

1）教学组织与实施建议

教师根据校情和学情组织教学，建议酌情安排同步实验教学，充分运用新兴信息技术组织教学与实践。

（1）理论教学组织。

理论教学是微信小程序开发设计课程的基础，旨在让学生了解微信小程序的发展历程、应用场景、开发语言和框架等基础知识。

教学内容安排：介绍微信小程序的基本概念、发展历程和应用场景，让学生对微信小程序有整体的认识；讲解微信小程序的开发语言和框架，包括 WXML、WXSS、JavaScript 等，让学生掌握微信小程序的基本语法和开发方法；讲解微信小程序的组件和 API，让学生掌握微信小程序的各种功能实现方法。

教学方法：课堂讲解，通过讲解理论知识，让学生掌握微信小程序的基本原理和开发方法；案例分析，通过分析优秀的微信小程序案例，让学生了解微信小程序在实际应用中的效果和价值；互动讨论，鼓励学生提问和发表观点，活跃课堂氛围，促进学生对知识的吸收和理解。

（2）实践教学组织。

实践教学是微信小程序开发设计课程的重要组成部分，旨在让学生动手实践，掌握微信小程序的开发技巧和调试方法。

教学内容安排：让学生动手实践，掌握微信小程序的开发技巧和调试方法；让学生综合运用所学知识，独立完成一个微信小程序的开发；让学生展示自己的项目成果，并进行互相评价和反馈。

教学方法：案例教学，通过实际案例，让学生了解微信小程序的开发流程和技巧；将学生分成小组，让他们在小组内进行讨论和协作，共同完成项目任务；针对学生在实践过程中遇到的问题，进行个别辅导和解答。

教学评价：通过评价学生的项目成果，检验学生的实践能力和创新意识；评价学生在小组内的沟通、协作和分工情况；评价学生在实践过程中遇到问题时的解决方法和效果。

通过以上理论教学组织和实践教学组织的实施建议，相信学生能够全面掌握微信小程序的开发设计能力，为将来的职业发展打下坚实的基础。在教学过程中，注重培养学生的团队协作、沟通和解决问题能力，提高他们的综合素质。同时，关注学生的反馈意见，不断优化教学方案，确保教学质量。

2）考核方案建议

依据本课程教学设计方案的课程目标、教学内容和要求组织考核，采用平时考核和期末考试相结合的形式进行，即

$$总成绩＝平时考核成绩＋期末考试成绩$$

平时考核成绩建议占比为 40%～70%，强化过程化考核。过程化考核成绩可来自课内研讨、线上学习、实践训练、作业等多种形式。期末考试为闭卷考试，卷面成绩为 100 分，包括但不限于单选题、多选题、判断题、填空题、简答题、程序题等。

第 8 章　技术型交叉型课程参考方案

8.1　技术型交叉型课程改革的必要性和方向

随着科技的快速发展，尤其是信息技术和人工智能（AI）的广泛应用和社会数字化转型的推动，现代社会对兼具主修专业知识与计算机技能的交叉型人才的需求日益增加。这一需求推动了教育体系，尤其是高等教育的重大变革，要求各专业不仅要深耕专业知识，同时要融入程序设计、数据分析和人工智能应用等数字能力培养。大学里的课程设置需要进行相应的改革，以培养学生的学科交叉能力，使他们能更好地适应未来社会的数字能力的需求。

1. 改革的必要性

技术型交叉型课程改革的必要性主要有以下三点。

（1）技术驱动的行业变革：当今世界，从金融、医疗到工程和媒体传播，几乎每一个行业都经历了由技术驱动的变革。数据分析和人工智能技术正在重塑产品开发、市场策略、运营管理等多方面。在这种环境下，仅凭传统的专业知识已难以满足行业需求，跨学科的技术教育成为必需。

（2）提升竞争力与创新能力：掌握计算机和数据科学技能的专业人士能更有效地解决复杂问题，提高工作效率，增强创新能力。工程师通过学习编程和数据分析技能，可以在设计和故障诊断时更加精准；市场分析师利用机器学习技术，可以洞察消费趋势，优化营销策略。

（3）满足未来就业市场需求：根据多项行业报告，未来就业市场对兼具专业技术和数字素养的人才需求量大增。加强数字技术教育与专业知识的融合，将有助于学生毕业后更快地适应职场，提高就业率和职业发展速度。

2. 改革的方向

技术型交叉型课程的改革方向如下。

（1）课程内容的整合与更新：开设跨学科课程，在专业课程中融入计算机科学、数据分析和人工智能等内容，如为医学专业学生开设生物信息学，为商科学生开设数据驱动的市场分析课程。采用实践与理论相结合的教学方式，增加案例分析、实验、项目驱动学习等实践环节，让学生在解决实际问题中学习和应用新技术。

（2）教学方法与工具的创新：采用新兴信息教学技术，利用在线平台、虚拟实验室、互动模拟、AI 助教、数字教师等数字工具，提高教学的互动性和趣味性。强化协作学习，鼓励学生跨专业合作项目，通过团队合作解决复杂的跨学科问题，模拟真实工作场景。

（3）师资队伍与教学资源的强化：定期为教师提供技术培训，或聘请具有行业经验的专家担任兼职教授，帮助传统专业教师学习和掌握最新技术。加快教学资源更新速度，建立与企业、行业的合作，引进最新的技术和行业案例，确保教学内容的前瞻性和实用性。

（4）评估机制的调整：建立多元评价体系，除了传统的考试和作业，增设项目评估、同行评审、实际操作和在线互动表现等多元评价方式，全面评估学生的综合能力。建立反馈机制，通过学生和行业反馈调整课程内容和教学方法，确保教育内容与行业需求紧密对接，提高教学的实效性。

通过这些改革，大学教育不仅能够培养学生的专业能力，还能提高他们的技术素养，为他们在未来职场中的成功奠定坚实的基础。在全球化和技术快速发展的大背景下，这样的教育改革是顺应时代发展的必然选择。

为了更好地推动技术型交叉型课程内容和教学方法的改革，我们选择了十几门有代表性的技术型交叉型课程方案，供从事相关教学工作的教师参考。

8.2 办公软件高级应用

1. 课程描述

课程定位：本课程是高等院校计算机基础教育的一门公共核心课程，主要讲授字处理软件、电子表格软件和演示文稿制作软件的高级应用，以及文档安全及宏的应用等知识和技能，使学生能够更全面地利用办公软件的强大功能，提高工作效率，在实际工作中更灵活地处理各种复杂的任务。

课程对象：各专业学生。

建议学时：32～36 学时。

2. 教学目标

熟练掌握办公软件的高级功能，学会将所学的高级应用技巧灵活运用于实际工作和学习场景，提高在工作和学习中的应用水平，更高效地处理任务，提高生产力。

通过本课程的学习，应在知识、能力和素质三方面达到以下基本教学目标。

- **知识目标**：掌握办公软件的高级功能，熟练掌握文档和报告的设计技巧，掌握复杂公式的应用和数据管理与分析功能，掌握数据分析工具的使用，了解办公软件文档安全与宏的应用的基本概念和操作技能，了解办公软件之间实现协同与共享的操作技能。
- **能力目标**：具备熟练使用办公软件高级功能的能力，能够设计专业文档和报告；能够利用高级数据处理功能有效地进行数据管理、分析和可视化，为决策提供有力支持；能够掌握使用宏的功能简化重复性任务，提高工作效率；能够使用协作和共享工具实现团队合作。
- **素质目标**：注重培养学生的自主学习能力和适应力，使学生能够运用办公软件高级功能在工作和学习中更加灵活、高效地处理复杂的任务和问题。强调培养学生的沟通与协作能力，激发创造性思维，鼓励学科综合应用，培养责任心与安全意识。这些素质将使学生更好地适应未来职场和社会的需求。

3. 教学内容

"办公软件高级应用"课程的知识单元、理论教学内容及实践要求如表 8-1 所示。

表 8-1　课程知识单元、教学内容及实践要求

知识单元	理论教学内容	实践要求	参考学时
1. 版面设计	字处理软件中版面设计的应用知识：页面设置，视图方式，分栏设置，页眉和页脚，页码	实现长文档排版	2
2. 样式设置和引用	字处理软件中样式设置和引用的应用知识：文档注释，交叉引用，索引，引文目录，模板	实现结合专业内容的文档排版	6
3. 函数与公式	电子表格软件中函数与公式的应用知识：公式，名称管理器，数组，常用函数的使用	使用公式、数组和函数解决数据处理的实际问题	8～10
4. 数据管理、分析与决策	电子表格软件中数据管理、决策与分析的应用知识：数据列表，数据排序，数据筛选，分类汇总，数据透视表，数据的导入，单变量求解，模拟运算，方案管理器，规划求解工具的使用	对数据进行有效的管理、分析和可视化，为决策提供支持	10～12
5. 演示文稿制作软件高级应用	演示文稿制作软件的应用知识：使用多媒体素材，制作交互式演示文稿，布局和美化，动画设置，放映及输出，组织和管理幻灯片	运用知识要点制作美观实用的演示文稿	4
6. 办公软件文档安全与宏的应用	文档的安全设置与 VBA 宏的应用	编写宏，实现自动化工作流程，简化重复性任务	1
7. 办公软件之间的协同与共享	办公软件之间实现数据共享	使用实时协同编辑工具设置文档权限和进行版本控制	1
总学时			32～36

4. 实施方案

（1）教学组织与实施。

办公软件高级应用课程教学采用理论与实践相结合、线上与线下相结合的教学模式。理论教学侧重于对重点、难点内容的深入讲解和疑难解析，为学生提供扎实的理论基础。实践教学以任务和案例为驱动，通过实际操作让学生在高级办公软件应用方面获得实质性的知识和技能提升。

互动式教学方法是课堂教学的核心，借助多媒体技术，展示软件操作和应用场景，使学习更生动有趣。实践项目是课程的重要组成部分，通过解决实际问题，学生能够将理论知识灵活运用，提高实际操作能力。小组项目和团队合作是培养学生团队协作和沟通能力的有效途径。

通过在线学习平台提供丰富的教学资源，为学生提供便捷的学习材料和支持，并促

进学生与老师以及同学之间的互动与交流。在课程结束时，学生能够满足办公自动化的需求，达到对办公软件高级应用的全面理解和实际运用。

（2）考核方案建议。

依据本课程教学设计方案的课程目标、教学内容和要求组织考核，采用平时考核和期末考试相结合的形式进行。即

总成绩＝平时考核成绩＋期末考试成绩

平时考核成绩建议占比为 40%～60%，注重过程考核。平时成绩来自课堂参与和讨论、实践项目、学生报告展示、在线学习平台成绩。

8.3 数据库技术及应用

1. 课程描述

课程定位： 本课程是高等院校计算机基础教育的一门公共课程，主要介绍数据库系统的基本概念、基本原理和基本技术；讲授关系模型、结构化查询语言、关系数据库设计方法和过程；数据备份和恢复技术、数据库控制技术、数据库安全性和完整性控制，同时介绍数据库发展的前沿技术。通过小型数据库应用系统开发实例，介绍软件开发的需求分析、系统设计、系统实现及实施过程。

课程对象： 文史哲法教类、经管类各专业。

建议学时： 72 学时。

2. 教学目标

掌握数据库技术和应用软件开发的基本概念，利用数据库技术进行软件开发。通过本课程的学习，应在知识、能力和素质三方面达到以下基本教学目标。

- **知识目标：** 掌握数据库系统和数据模型的基本概念，掌握常用的 SQL 语句，掌握数据库设计的步骤和方法；掌握开发数据库应用系统的过程和技术，了解数据库保护的基本概念及其方法，了解数据库技术的新进展。
- **能力目标：** 能够使用数据库软件的开发接口，利用数据库查询语句以及相关编程语言实现相应的软件开发。能够根据数据库设计原则，利用数据库平台开发应用软件。
- **素质目标：** 在学习知识的同时，强调实际能力和综合素质的培养，使学生能够综合运用所学知识和技能解决数据库开发领域的复杂工程问题。着重培养学生的协作性、创造性和目标导向性。

3. 教学内容

"数据库技术及应用"课程的知识单元、理论教学内容及实践要求如表 8-2 所示。

表 8-2　课程知识单元、教学内容及实践要求

知识单元	理论教学内容	实 践 要 求	参考学时
1.数据库系统基础	数据库系统，数据独立性，数据模型，*数据库管理技术的发展，*数据模型的发展，*系统架构的发展，*数据分析技术的发展，关系模型，关系模式，关系代数	数据库系统以及数据库设计工具的安装和使用	6+4=10
2.结构化查询语言	SQL 基础，SQL 的数据定义功能，SQL 数据查询（查询语句的格式、单表查询、多表查询、分组查询、嵌套查询、集合查询），SQL 数据更新	能够使用数据库平台执行数据定义和查询更新	16+12=28
3.数据库设计	数据库设计过程，需求分析，概念结构设计、逻辑结构设计，物理结构设计	使用数据库设计工具进行数据库概念模型、逻辑模型和物理模型设计	10+6=16
4.数据库保护	数据库保护的基本概念，数据库安全控制技术，事务的 ACID 特性，数据库并发控制技术，数据库备份与恢复技术	通过数据库平台进行安全控制和事务编写	4+2=6
5.数据库应用系统开发	数据库应用系统开发流程，数据库应用系统需求分析，数据库应用系统设计，数据库应用系统实施，*数据仓库，数据挖掘	通过一个小型数据库应用系统开发实例，熟悉数据库应用系统的开发过程，并且能够使用一种开发工具，了解程序设计的方法	12
总学时			72

4. 实施方案

（1）教学组织与实施。

本课程教学采取每周 2 学时理论教学，2 学时实践教学。理论教学将覆盖数据库开发技术的基本内容，实践教学将通过让学生动手完成数据库软件实现，加深对理论教学内容的理解。实验内容分为个人实验和综合实践，个人实验主要培养学生的基本技能，综合实践可以由团队成员共同完成一个软件项目开发，每个团队由 3~5 名学生组成。

目前线上教学资源丰富，原有课堂教学与线上教学相结合的混合式教学模式受到越来越广泛的关注。建立数据驱动和人机协同的智慧教育生态是未来教学改革的发展方向。鼓励教师采用线上线下混合式教学方式提高学习成绩、学生满意度以及教学效率。

鼓励学生参加教师的科研活动，以及计算机相关竞赛。

（2）考核方案建议。

依据本课程教学设计方案的课程目标、教学内容和要求组织考核，采用平时考核和期末考试相结合的形式进行。即

总成绩＝平时考核成绩＋期末考试成绩

平时考核成绩建议占比为 40%~70%，强化过程化考核。平时成绩来自课堂讨论、课内课外作业、实践训练或学生作品，以及 MOOC/SPOC 线上成绩。期末成绩可以是卷

面考试,也可以是项目答辩等非卷面评价方式。

8.4 多媒体技术及应用

1. 课程描述

课程定位:本课程是高等院校计算机基础教育的一门公共核心课程,主要讲授多媒体技术的基本概念、技术设计及应用开发,为学生结合本专业从事多媒体应用领域的工作打下良好基础。

课程对象:各专业学生。

建议学时:54~72 学时。

2. 教学目标

掌握多媒体技术的基本概念,学会使用多媒体硬件设备和多媒体软件环境,利用多媒体软件工具开发多媒体应用软件或制作多媒体作品。

通过本课程的学习,应在知识、能力和素质三方面达到以下基本教学目标。

- **知识目标**:掌握多媒体技术的基本概念以及数据压缩和信息存储技术,理解图像、音频和视频的数字化技术及其相关标准,掌握多媒体信息处理的基本方法。了解多媒体通信标准、跨媒体内容分析、移动多媒体计算以及虚拟现实和元宇宙技术。
- **能力目标**:能够使用多媒体硬件设备和多媒体软件环境,利用多媒体素材软件工具制作图像、音频和视频等艺术作品。能够设计多媒体用户界面和交互原则,利用多媒体软件平台开发多媒体应用软件。能够使用多媒体会议系统开设远程会议或线上线下混合式教与学。
- **素质目标**:在学习知识的同时,强调实际能力和综合素质的培养,使学生能够综合运用所学知识和技能解决多媒体技术领域的复杂工程问题。着重培养学生的协作性、创造性和目标导向性。

3. 教学内容

"多媒体技术及应用"课程的知识单元、理论教学内容及实践要求如表 8-3 所示。

表 8-3 课程知识单元、教学内容及实践要求

知识单元	理论教学内容	实 践 要 求	参考学时
1. 多媒体技术基础	媒体及其分类,多媒体技术,多媒体系统,多媒体硬件,多媒体软件,数据压缩,信息存储技术	多媒体演播工具软件,包括艺术字/美术字设计、图像浏览软件、音视频播放软件、刻录软件	6~8
2. 图形与图像处理	光与颜色模型,图形与图像,图像数字化,图像格式和图像处理,图像压缩与 JPEG 标准,显示设备与扫描仪,图像处理软件	正确使用扫描仪、数码相机以及 OCR 方法,利用图像处理软件修复图片并进行平面设计	10~12

知识单元	理论教学内容	实 践 要 求	参考学时
3. MIDI 与音频处理	声波与电声学，MIDI 与数字音频，音频数字化，音频格式与音频处理，音频压缩与 MP3 标准，声卡与电声设备，音频处理软件	正确连接耳麦以及设置录放音参数，利用音频处理软件自制手机铃声、音效作品或广播剧	8～12
4. 动画与视频处理	视觉暂留，计算机动画与数字视频，视频信号数字化，视频格式与视频处理，视频压缩与 MPEG 标准，数字录像设备，视频处理软件	正确使用视频采集和播放设备，利用视频处理软件编辑镜头组接蒙太奇并制作微电影	10～14
5. 多媒体创作设计	多媒体软件开发，多媒体界面设计，交互设计，美学原则，多媒体创作工具	多媒体应用软件开发流程，利用多媒体创作工具开发图文声像多媒体作品并开发交互游戏	12～14
6. 多媒体通信网络	数据通信，多媒体通信，音视频通信标准，宽带网络接入，多媒体会议系统，案例：腾讯会议	利用多媒体会议系统开设远程会议、线上线下混合式教与学	6～8
7. 多媒体前沿技术	多媒体分析与检索，跨媒体分析与计算，移动多媒体计算，虚拟现实与元宇宙，立体视觉与 3D 电视		2～4
总学时			54～72

4. 实施方案

（1）教学组织与实施。

本课程教学采取每周 2 学时理论教学，1～2 学时实践教学。理论教学将覆盖多媒体技术的基本内容，实践教学将通过让学生动手完成多媒体作品的设计与实现，加深对理论教学内容的理解。实验内容可以由团队成员共同完成，每个团队由 3～5 名学生组成。

目前线上教学资源丰富，原有课堂教学与线上教学相结合的混合式教学模式受到越来越广泛的关注。建立数据驱动和人机协同的智慧教育生态是未来教学改革的发展方向。从当前线上线下混合式教学效果来看，它提高了学习成绩、学生满意度和教学效率。

鼓励学生参加教师的科研活动，以及计算机设计竞赛。

（2）考核方案建议。

依据本课程教学设计方案的课程目标、教学内容和要求组织考核，采用平时考核和期末考试相结合的形式进行。即

总成绩＝平时考核成绩＋期末考试成绩

平时考核成绩建议占比为 40%～70%，强化过程化考核。平时成绩来自课堂讨论、课内课外作业、实践训练或学生作品，以及 MOOC/SPOC 线上成绩。

8.5 计算机网络及应用

1. 课程描述

课程定位：本课程是高等院校经管类相关专业的一门公共课程，主要讲授计算机网络和数据通信的基本概念、原理、技术及其相关应用，使学生掌握计算机网络基本操作技能，具有使用网络技术解决实际问题的能力，为以后在学习其他课程以及实际工作打下坚实的理论基础，具备一定的网络应用能力。

课程对象：经管类相关专业学生。

建议学时：48～54学时，其中理论授课32~36学时、实验16~18学时。

2. 教学目标

通过学习，使学生掌握计算机网络、通信技术基本概念，熟悉Internet接入、服务创建、配置与管理方法；了解网络管理与网络安全的基本概念；具备较好的计算机网络技术应用能力。

通过本课程的学习，应在知识、能力和素质三方面达到以下基本教学目标。

- **知识目标**：使学生掌握计算机网络与通信技术的基本概念，掌握Internet的基本概念及主要接入方法；初步掌握组建局域网的主要软硬件技术、Internet常见服务的创建、配置与管理方法；了解Internet2、网络管理与网络安全的基本概念。
- **能力目标**：能够进行常见操作系统的网络配置与使用，能够创建、配置、管理常见Internet服务。具备使用计算机网络知识和Internet技能解决信息获取、分享过程中相关现实问题的能力，为后续的课程以及未来的研究、工作奠定基础。
- **素质目标**：在学习知识的同时，强调实际能力和综合素质的培养，使学生能够综合运用所学基本网络知识和相关技能，解决现实复杂工程问题。着重培养学生的专业性、协作性、严谨性和创造性。

3. 教学内容

"计算机网络及应用"课程的知识单元、理论教学内容及实践要求如表8-4所示。

表8-4 课程知识单元、教学内容及实践要求

知识单元	理论教学内容	实 践 要 求	参考学时
1. 计算机网络概述	网络发展史、网络定义与功能、网络的分类、网络的组成、网络的体系结构		4
2. 数据通信概述	数据的通信模型、传输方式、交换技术，信道的带宽、数据的传输速率、误码率、端-端延迟，多路复用技术		4
3. 局域网	局域网的基本概念、常见的局域网、以太网、Windows网络管理	组建对等网与局域网，Windows网络配置	8

续表

知识单元	理论教学内容	实践要求	参考学时
4. 广域网与城域网	广域网，公用信息网，城域网		6
5. 网络互连	网络互连的基本概念，网桥、路由器、网关等网络互连设备	路由器配置与使用	6
6. Internet	Internet 的发展、基本工作原理、服务与服务商、接入方式，Windows 网络接入 Internet，Internet 服务的创建、配置与管理，企业内部网 Intranet	FTP、Email、WWW 服务器的创建与管理，常见 Internet 服务客户端的使用	12～14
7. Internet2	IPv6 的概念、特点、地址表示及类型，IPv6 地址配置协议及转换机制	ping、ipconfig、netstat 等网络命令的使用	4～6
8. 网络管理与网络安全	网络管理，网络安全与保密，防火墙技术概述	防火墙的设置与使用	4～6
总学时			48～54

4. 实施方案

（1）教学组织与实施。

本课程教学采取每周 2 学时理论教学，1～2 学时实践教学。理论教学将覆盖网络技术及应用的基本内容，实践教学将通过软硬件的操作使学生掌握计算机网络的基本设置与应用方法，加深对理论教学内容的理解，从而提升获取与分享信息的能力。

目前线上教学资源丰富，原有课堂教学与线上教学相结合的混合式教学模式受到越来越广泛的关注。可在中国大学慕课等平台选择在线课程，或自行建立在线教学资源，供学生在课前预习、课后复习。在条件许可的情况下，建立满足计算机网络基本实验的实验室，强化学生动手能力和工程实践能力。

鼓励学生以团队为单位动手搭建网络服务器、在局域网内开放相关网络服务；鼓励学生参加教师的科研活动，以及相关学科竞赛。

（2）考核方案建议。

依据本课程教学设计方案的课程目标、教学内容和要求组织考核，采用平时考核和期末考试相结合的形式进行。即

总成绩＝平时考核成绩＋期末考试成绩

平时考核成绩建议占比为 30%～40%，适当强化过程化考核。平时成绩来自课堂讨论、课内课外作业、实践训练或学生作品，以及 MOOC/SPOC 线上成绩。

8.6 物联网导论

1. 课程描述

课程定位：本课程是高等院校计算机基础教育的一门公共核心课程，主要介绍物联网相关概念、原理及其应用技术。主要内容包括物联网概述、自动识别技术、传感技术、定位技术、传输层、物联网数据处理，同时简要介绍物联网技术未来发展趋势以及新一代信息技术变革给物联网应用带来的新挑战。

课程对象：各专业学生。

建议学时：32～40 学时（含实验 4 学时）。

2. 教学目标

理解物联网的基本概念，初步掌握物联网的关键技术，理解物联网的应用，了解物联网系统的设计和实现方法。

通过本课程的学习，应在知识、能力和素质三方面达到以下基本教学目标。

- **知识目标**：全面了解物联网的基本概念和原理，初步掌握物联网传感、传输、网络、处理、应用等知识，初步掌握物联网关键技术及其应用方法，了解物联网中数据安全的相关知识。
- **能力目标**：能够运用所学知识解决物联网设计和实现中的简单问题，能够进行物联网系统的需求分析和简单设计与实现，能够运用数据分析技术对物联网产生的数据进行处理和分析。
- **素质目标**：培养创新思维，鼓励学生对物联网技术和应用领域进行探索和创新；培养学生的道德和社会责任感，使他们能够理解并处理物联网带来的社会和伦理问题；培养学生的自我学习能力，使他们能够持续地学习和适应物联网技术的发展。着重提升学生的创造性、适应性和协作性。

3. 教学内容

"物联网导论"课程的知识单元、理论教学内容及实践要求如表 8-5 所示。

表 8-5 课程知识单元、教学内容及实践要求

知识单元	理论教学内容	实 践 要 求	参考学时
1. 物联网概述	物联网的起源与发展，物联网的基本概念，物联网的技术特征，物联网的模型与架构，物联网的关键技术，物联网的典型应用		2
2. 感知层自动识别技术	无线射频技术，条形码识别技术，生物识别技术，图像识别技术，机器视觉识别技术		3～4
3. 感知层传感技术	传感器原理，传感器分类，传感器应用，智能终端		3～4

续表

知识单元	理论教学内容	实 践 要 求	参考学时
4. 感知层定位技术	卫星定位技术，全球定位系统，北斗卫星导航系统，蜂窝定位技术，无线室内定位技术		3～4
5. 传输层	计算机网络体系结构，计算机网络协议，近距离无线通信技术，远距离无线通信技术，有线通信技术，互联网技术		3～4
6. 物联网数据处理	物联网数据存储，物联网数据分析与挖掘，物联网数据检索		6～8
7. 应用层	物流管理与配送，环境监测与保护，安全检测与监控，工业互联网		4～6
8. 物联网安全	物联网安全问题分析，物联网的安全体系，物联网的感知层安全，物联网的传输层安全，物联网的应用层安全，物联网的位置隐私		2
9. 物联网未来与挑战	物联网技术的未来趋势，物联网的挑战		2
10. 综合实验		以一个集成传感层、网络层、应用层的物联网综合应用系统为背景，开设一个演示实验，让学生直接感知物联网给生活带来的便利，加深学生对物联网中各层的理解	4
总学时			32～40

4. 实施方案

（1）教学组织与实施。

本课程教学采取每周 2 学时教学，前期安排理论教学，最后 1～2 周时间集中安排实验。理论教学将覆盖知识单元 1～知识单元 9 的内容，实践教学安排知识单元 10 的实验内容。实验内容可以由团队成员共同完成，每个团队由 3～5 名学生组成。

运用线上、线下等各类优秀教学资源以及新一代信息技术教学手段，通过较为形象和直观的方法，使学生理解一些难懂的原理和复杂的过程。

鼓励学生参加教师的科研活动，指导学生参加计算机设计大赛等创新创业竞赛。

（2）考核方案建议。

依据本课程教学设计方案的课程目标、教学内容和要求组织考核，采用平时考核和期末考试相结合的形式进行。即

总成绩＝平时考核成绩＋期末考试成绩

平时考核成绩建议占比为 40%～70%，强化过程性考核。平时成绩来自课堂讨论、

课内课外作业、实践训练或学生作品以及 MOOC/SPOC 线上成绩。

8.7 人工智能及其应用

1. 课程描述

课程定位：本课程是非计算机类各专业本科生的一门人工智能入门课程，主要介绍人工智能的基本方法、算法及其跨学科应用。课程的定位是为非计算机专业的学生提供一个理解和应用人工智能的桥梁，使学生兼具编程能力、数据思维和人工智能素养，培养学生利用人工智能技术定制、开发和维护本领域的人工智能解决方案的能力。

课程对象：各专业本科生。

建议学时：32 学时。

2. 教学目标

本课程的教学目标是把握人工智能的基本方法、前沿技术、发展趋势以及在各学科领域的应用。通过本课程的学习，应在知识、能力和素质三方面达到以下基本要求。

- **知识目标**：了解人工智能的定义、历史和发展趋势，能够用通俗易懂的语言向其他人解释人工智能的基本概念和原理。掌握机器学习、神经网络、深度学习、自然语言处理等基本概念及其区别。了解人工智能在各行业（如医疗、金融、教育、制造业等）的应用案例和影响。认识人工智能带来的伦理问题和社会影响，包括隐私、安全、就业等方面。

- **能力目标**：具备基础编程能力，掌握 Python 编程基础，能够编写简单的 AI 算法。掌握数据处理能力，了解数据收集、清洗、分析和可视化的基本技术。具备模型应用能力，能够理解并应用简单的机器学习模型（如线性回归、分类模型等）解决实际问题。熟练使用一些常用的 AI 工具和平台，如 Jupyter Notebook、TensorFlow、Scikit-Learn 等。能够独立完成小型 AI 项目，如数据分析、预测模型等。具备跨学科应用能力，能够结合自身专业背景，利用人工智能技术分析和解决学科领域实际问题。

- **素质目标**：培养学生跨学科的思维方式，能够将人工智能技术与自身专业领域相结合。培养创新能力，提高学生的创新意识，鼓励他们利用人工智能进行创新和创业。培养团队合作精神，通过小组项目和合作学习，提高团队协作能力。激发学生对人工智能的持续兴趣，鼓励他们不断学习和跟踪最新技术发展，培养终身学习意识。

3. 教学内容

"人工智能及其应用"课程的知识单元、理论教学内容及实践要求如表 8-6 所示。

表 8-6 课程知识单元、教学内容及实践要求

知识单元	理论教学内容	实 践 要 求	参考学时
1. 人工智能概述	人工智能的定义和发展历史； 人工智能的主要分支（机器学习、深度学习、自然语言处理等）； 人工智能的前沿应用及未来趋势	人工智能在不同领域的应用案例	2
2. 数学基础与数据处理	函数与梯度下降； 机器学习的数据结构（张量）； Pandas 数据分析与处理	数据处理和可视化练习	4
3. 机器学习基础	机器学习的基本概念和分类； 经典算法及应用案例（线性回归、逻辑回归、K 最近邻、支持向量机、朴素贝叶斯、决策树、随机森林、集成学习）； 其他类型的机器学习应用案例（无监督学习—聚类、降维，半监督学习，自监督学习，生成式学习）； 模型评估与验证	使用 Scikit-Learn 实现简单的机器学习模型 模型训练与评估	8
4. 神经网络与深度学习	神经网络的基本原理； 深度学习及应用案例（卷积神经网络、循环神经网络）； 深度学习框架及应用	使用 TensorFlow 或 Keras 进行图像分类任务	6
5. 自然语言处理	自然语言处理的基本任务； 词向量和嵌入案例； 常用工具和库的应用	实现文本分类或情感分析任务； 使用预训练模型进行简单的自然语言处理	4
6. 大语言模型	大语言模型概述； 行业应用案例教学，如文本生成、文本分类和情感分析、问答系统、翻译和摘要； 模型调用与 API 应用案例	文本生成实践； 问答系统构建	2
7. AI 在各领域的应用	医疗、金融、教育、制造业等领域的 AI 应用案例； AI 应用带来的实际效益和挑战	提出并设计一个结合自身专业的 AI 应用方案	4
8. 伦理与社会影响	AI 伦理问题（隐私、偏见、透明度等）； 人工智能对就业市场的影响； AI 技术的法律和政策问题	探讨某一 AI 伦理问题并提出解决建议	2
总学时			32

4. 实施方案

1）教学组织与实施建议

（1）理论教学组织。

人工智能通识课程教学内容覆盖了人工智能的主要应用领域，精选了人工智能技

的一些前沿热点，体系完整。教学过程中运用大量日常生活中的例子，跳出晦涩复杂数理知识和算法理论，以浅显易懂的方式诠释人工智能精髓，启迪算法理解，让各类专业的学生都能听懂原本深奥的人工智能技术。尽可能介绍一些能够为本科生理解的应用实例，引导学生学习应用新理论解决实际问题的方法，在理论、技术和应用方面取得平衡，引导学生把人工智能技术与本领域问题联系起来，培养学生创新性的应用人工智能技术解决专业问题的能力。

可以采用模块化教学。基础概念模块涵盖 AI 的定义、历史、主要分支和应用案例；技术原理模块介绍机器学习、深度学习、自然语言处理等基本原理；工具与平台模块展示如何使用常见的 AI 工具和平台，如 Python、Scikit-Learn、TensorFlow 等；应用案例模块分析 AI 在各个领域（如医疗、金融、教育等）的实际应用。通过问答和讨论环节，激发学生的兴趣和思考。组织小组讨论和案例分析，鼓励学生分享各自专业领域中的 AI 应用想法。邀请行业专家或研究人员进行专题讲座和研讨会，提供实际案例和前沿动态。

（2）实践教学组织。

课程实验按照"理解、模仿、编写、创新"的方式，鼓励学生逐步深入理解人工智能算法的基本思想和方法，达到培养学生解决复杂工程问题能力的目标。

实验课可分以下三类。①数据处理实验，通过处理各类数据集，帮助学生掌握 Python 数据分析与处理的能力；②机器学习实验，设计小型项目，如数据集处理、模型训练和评估；③深度学习实验，使用 TensorFlow 等进行简单的神经网络项目。

可以采用项目驱动学习，分组进行实际项目，要求学生在自己的专业领域中应用 AI 技术。每组在课程结束时展示项目成果，并进行互评和教师评价。利用在线平台进行实验，方便学生进行大规模计算任务，使学生可以随时进行实验。

2）考核方案建议

依据本课程教学设计方案规定的课程目标、教学内容和要求组织考核，采用多元过程化考核和结课项目相结合的形式进行。可参考如下方案。

成绩的组成为过程化考核成绩+项目成绩。建议强化过程化考核，过程化考核成绩建议占比约 60%。项目成绩建议占比约 40%。

（1）过程化考核。

- 平时作业（30%）：通过定期布置的小项目，评估学生的学习进度和掌握情况。
- 课堂参与（10%）：根据学生的课堂讨论和互动情况进行打分，鼓励主动参与。
- 大作业（20%）：考查学生对基础概念和原理的理解和应用，大作业可以采用学生自评、学生互评结合教师评价的模式，学生对自己和组员的贡献进行评价，作为团队合作成绩的一部分。

（2）项目评价。

- 项目报告和答辩（40%）：要求每组提交详细的项目报告，评估其对问题的分析、解决方案的设计和实施过程。通过项目展示和答辩，评估学生的表达能力、团队协作和项目成果。教师根据学生的整体表现进行综合评分。

8.8 大模型技术及应用

1. 课程描述

课程定位：本课程是高等院校计算机基础教育的一门公共课程，主要讲授大模型技术的基本概念、技术原理及平台应用。本课程能够激发学生的主动思考，并为学生展示一个崭新的创作世界。

课程对象：各专业学生。

建议学时：54 学时。

2. 教学目标

掌握大模型的基本概念和技术原理，利用大模型平台解决各种场景的创新应用。熟练掌握提示词工程这一新兴技术，充分挖掘大模型的潜能，并将其应用于解决各自专业领域的复杂问题。

通过本课程的学习，应在知识、能力和素质三方面达到以下基本教学目标。

- **知识目标**：掌握大模型技术的基本概念和技术原理，理解 ChatGPT、文心大模型、通义大模型和盘古大模型及其技术构造，掌握提示词工程方法。了解大模型的未来发展方向，即 AI 智能体和具身智能机器人。
- **能力目标**：能够使用大模型平台生成文字、图像、音频、视频和虚拟人，掌握大模型的工作原理和使用方法——提示词工程，学会运用大模型技术进行数据分析。了解大模型的典型应用以及在垂直领域中的应用场景。
- **素质目标**：在学习知识的同时，强调实际能力和综合素质的培养，使学生能够综合运用大模型技术解决本专业领域的复杂问题。着重培养学生的专业性、创造性和主动性。

3. 教学内容

"大模型技术及应用"课程的知识单元、理论教学内容及实践要求如表 8-7 所示。

表 8-7 课程知识单元、教学内容及实践要求

知 识 单 元	理论教学内容	实 践 要 求	参考学时
1. 大模型技术概述	人工智能与大模型发展史； 大模型的定义； 大模型的特征； 大模型的分类； 大模型的流程； 大模型的应用场景； 大模型与搜索引擎	文字生成	8

续表

知 识 单 元	理论教学内容	实 践 要 求	参考学时
2. 大模型技术原理	大模型框架； 数据预处理； Transformer 模型； 预训练模型； 模型微调； 模型推理	插绘图像； 音频生成	10
3. 大模型平台	ChatGPT； 文心大模型； 通义大模型； 盘古大模型	影视创作； 多模态生成； 虚拟人生成	12
4. 提示词工程	提示工程的核心； 提示工程师； 对话编写的艺术； 构建对话的框架； 上下文学习	提示词优化	4
5. 大模型典型应用	智能办公； 出行规划； 内容创作； 创意营销； 智能编程	论文助手； 编程助手	8
6. 大模型行业应用	影视传媒； 电子商务； 教育应用； 医疗应用； 工程技术； 金融贸易； 智慧农业	数据分析； 大模型插件	8
7. 大模型的未来发展	AI 智能体； 具身智能机器人	大模型项目案例	4
总学时			54

4．实施方案

（1）教学组织与实施。

本课程教学采取每周 2 学时理论教学、1 学时实践教学。理论教学将覆盖大模型技术的基本内容，实践教学将通过让学生动手完成大模型工具生成文字、图像、音视频和虚拟人，加深对理论教学内容的理解。

（2）考核方案建议。

依据本课程教学设计方案的课程目标、教学内容和要求组织考核，采用平时考核和期末考试相结合的形式进行，即总成绩＝平时考核成绩＋期末考试成绩。

平时考核成绩建议占比为 40%～70%，强化过程化考核。平时成绩来自课堂讨论、课内课外作业、实践训练，以及 MOOC/SPOC 线上成绩。

8.9 区块链技术与应用

1. 课程描述

课程定位：本课程是高等院校计算机基础教育的一门公共核心课程，主要讲授区块链的基础知识、关键技术、主要平台以及在各行各业中的应用实例。学生将通过理论学习、案例分析、实验操作和项目实践等多元化教学活动，不仅理解区块链的工作原理和特性，还将学会如何开发简单的区块链应用，并探索其在现实世界中的潜在用途。

课程对象：各专业学生。

建议学时：32～64 学时。

2. 教学目标

掌握区块链技术的理论知识，而且能够将所学知识应用于实践，同时培养必要的职业素养和综合能力，为他们未来在学术或职业领域的成长打下坚实的基础。

通过本课程的学习，应在知识、能力和素质三方面达到以下基本教学目标。

- **知识目标**：掌握区块链的基本概念、原理和关键技术，并理解其在各行各业中的应用。这包括对区块链数据结构、加密算法、共识机制以及智能合约的深入认识。同时，学生能够识别不同区块链平台的特点与差异，并通过案例学习，了解区块链技术解决实际问题的方式和效果。
- **能力目标**：能够使用区块链技术解决实际问题的能力。这涉及编写智能合约、构建区块链网络、数据管理等实操技能。通过项目实践，学生能够从设计到实施的全过程中应用区块链技术，培养软件开发和系统部署的实际能力。
- **素质目标**：在学习知识的同时，重视学生的综合素质提升，包括对新兴技术的持续关注、团队合作、沟通协调以及批判性思维的培养。学生将学会如何在团队中有效交流，怎样针对现实世界问题提出基于区块链的解决方案，并具备评估方案可行性的能力。同时，鼓励学生形成终身学习的习惯，不断更新和扩展自己的技术视野。

3. 教学内容

"区块链技术与应用"课程的知识单元、理论教学内容及实践要求如表 8-8 所示。

表 8-8　课程知识单元、教学内容及实践要求

知识单元	理论教学内容	实 践 要 求	参考学时
1. 区块链基础与原理	详细讲解区块链技术的历史背景、核心技术基础、工作原理及特点	通过实验练习，学生能够手动模拟创建区块和区块链的过程，理解去中心化和链式存储的概念	2~4
2. 加密算法与共识机制	深入探讨公钥私钥加密、哈希函数等加密技术，以及工作量证明（PoW）、权益证明（PoS）等共识机制的工作原理和实际应用	实验课中让学生实现简单的加密解密算法，并模拟实现一个简易的共识过程，例如通过编程实现一个基本的 PoW 或 PoS 系统	2~4
3. 区块链平台对比分析	详细对比比特币、以太坊等主流区块链的技术架构、性能指标和应用场景	安排小组作业，每个小组选择一个平台进行深入研究，并分享其研究成果和理解	4~8
4. 区块链应用案例研究	讲授区块链技术在金融、供应链、版权管理等领域的具体应用案例，并分析其影响力和潜在价值	要求学生选择某一行业的实际案例，进行深度调研，撰写案例分析报告，并提出自己的见解和建议	4~8
5. 联盟链的关键技术	深入讲解联盟链中的共识机制、权限管理、数据隐私保护等核心技术	搭建一个简易的联盟链环境，让学生体验权限设置和数据共享过程	4~8
6. 智能合约在联盟链中的应用	探讨智能合约在联盟链中的特殊应用及编写细节，强调权限控制和数据可见性对智能合约的影响	指导学生在联盟链平台上编写并部署一个涉及多方协作的智能合约	4~8
7. 联盟链平台对比分析	比较 Hyperledger Fabric、R3 Corda 等主流联盟链平台的设计理念和技术特性	分组让学生针对不同联盟链平台进行深入研究，并分享各自平台的优势和适用场景	4~8
8. 联盟链项目设计与实施	讲解联盟链解决方案的设计原则，包括网络架构、数据管理、成员权限等方面	学生团队协作完成一个联盟链项目，从需求分析到网络部署，再到智能合约的开发和测试	4~8
9. 区块链的挑战与未来趋势	探讨区块链技术目前面临的技术挑战、道德法律问题以及未来的发展方向	开展辩论赛或研讨会，鼓励学生就区块链技术的未来趋势发表自己的看法，提出创新的观点和解决方案	4~8
总学时			32~64

4. 实施方案

（1）教学组织与实施。

①理论教学组织。

- 教师应根据学校情况和学生特点组织教学，建议同步进行实验教学。
- 利用新兴信息技术组织教学与实践，例如使用支持自动评测的数字化教学平台来提高编程实践能力和交互效率。
- 积累教学过程数据，推进智慧教学。

②实践教学组织。

- 将设计性与综合性的实验相结合，采用由易到难的组织方式逐步培养学生解决问

题的能力。
- 课程实验应与课堂讲授内容同步，设计或选用配套的实验训练项目。
- 鼓励学生按照"理解、模仿、编写、创新"的方式逐步深入理解和掌握区块链的思想和方法。
- 要求学生进行大量的编程训练，建议完成 1000 行以上的代码训练量，并独立完成单个项目 200 行以上代码的程序设计项目。

（2）考核方案建议。

①成绩组成：过程化考核成绩+期末成绩（机考或闭卷考试）。

②过程化考核成绩建议占比为 40%～70%，强化过程化考核，可来自课内研讨、线上学习、实践训练、作业等多种形式。

③期末考试建议采用上机考试方式，主要考核学生的区块链设计能力。题型可以全部用编程题或以编程题为主，客观题占比建议不超过 40%。编程题应通过足够数量的测试用例进行考核，重点考查学生编程解决问题的能力、思维缜密性、效率意识和分析评价能力。

8.10 信息检索与利用

1. 课程描述

课程定位：本课程主要介绍信息检索的基础知识及常用方法、各种信息资源及其检索方式。通过本课程的学习，学生可提高利用和开发信息资源的能力。

课程对象：文科类各专业学生。

建议学时：32～36 学时（讲课 16～18 学时，实验 16～18 学时）。

2. 教学目标

掌握现代信息检索与利用的技能，培养获取信息资源的能力，提高利用和开发信息资源的能力。

通过本课程的学习，在知识、能力和素质三方面达到以下基本教学目标。

- **知识目标**：了解信息检索的基础知识；熟悉信息源的特点、类型与用途；掌握常用信息检索系统的使用方法；熟练掌握常用中外文信息检索系统和特种文献检索的方法；熟练掌握网络信息查询和网络搜索引擎的使用方法；掌握整合与利用各种文献信息的方法；了解知识产权相关法律法规，合法地利用信息。
- **能力目标**：识别和表达信息需求，明确信息检索的目标和范围。运用关键词、布尔逻辑等进行高效检索。评估信息的可靠性、准确性、时效性和相关性，辨别信息的质量。提取关键信息，支持决策或研究。整合信息到报告、论文或其他形式的学术作品中。理解知识产权的重要性，尊重版权和隐私权。利用新兴技术优化信息检索过程。

- **素质目标**：独立探索和学习新知识的能力、分析和判断能力；增强信息意识以及清晰、准确、有效地表达信息的能力。团队合作意识和创新思维，勇于尝试新方法，解决新问题。快速掌握新的信息检索技术和工具的适应能力。持续学习能力和跨文化沟通能力。着重培养学生的创造性、协作性和目标导向性。

3. 教学内容

"信息检索与利用"课程的知识单元、理论教学内容及实践要求如表 8-9 所示。

表 8-9 课程知识单元、教学内容及实践要求

知识单元	理论教学内容	实 践 要 求	参考学时
1. 信息检索概述	信息检索的基本概念； 信息意识与信息素养	掌握信息检索的概念、意义及其特性	2
2. 信息检索的基本知识	信息源与信息媒体； 信息检索的类型与原理； 信息检索语言； 信息检索方法、途径和程序； 结构化信息与非结构化信息的检索	掌握信息检索的方法、途径和程序；了解结构化信息与非结构化信息的检索及其差别	2
3. 计算机检索基础知识	数据库类型； 图书馆数据库； 计算机检索的构建及检索结果的优化	掌握选择检索途径（或检索项），利用布尔逻辑算符等进行有效的组配，优化检索结果的方法	3~4
4. 网络信息资源利用	网络信息资源概述； 常用搜索引擎及使用； 开放存取信息资源利用； 移动图书馆； 发现系统及其利用； 网上信息资源利用	掌握常用搜索引擎的检索技巧；了解国内、国外发现系统的功能和特点	3~4
5. 中外文核心检索工具	检索工具概述； 中文及外文检索工具； 引文、引文著者、来源文献、来源著者的概念； 主题途径检索方法、著者途径检索方法； 检索策略的制订与调整	了解主要检索途径，三大检索系统 SCI、EI、ISTP；了解目录、题录、文摘型检索工具的含义及区别；理解分类途径、作者途径、主题途径的使用方法；掌握文献题名、作者、出处的提取，文献类型的辨析，缩写刊名的转换全称；熟练掌握检索策略的制订与调整	5
6. 中文信息检索系统	中国知网（CNKI）； 万方数据知识服务平台； 维普信息资源系统； 电子图书检索系统； 中国社会科学引文数据库（CSSCI）； 人大复印报刊资料全文数据库	了解各种中文信息检索系统的检索方法以及检索结果处理；掌握常用检索指令及其使用；掌握检索课题分析与策略制订	4

续表

知识单元	理论教学内容	实 践 要 求	参考学时
7. 外文信息检索系统	OvidSP 检索系统； EBSCOhost 全文数据库； ProQuest 检索系统； ScienceDirect 检索系统； 其他外文信息资源	了解各种外文信息检索系统的检索方法以及检索结果的处理；掌握常用检索指令及其使用；掌握检索课题分析与策略制订	4
8. 特种文献检索	专利文献及其检索； 标准文献及其检索； 学位论文及其检索； 会议文献及其检索； 科技报告及其检索	掌握各种特种文献检索资源及其使用方法	3～4
9. 信息的综合利用	信息收集； 信息调研与分析； 科研选题； 科研论文的写作； 知识产权相关法律法规； 信息管理工具	掌握科研论文的一般格式及其写作要点；掌握 NoteExpress、EndNote 文献信息管理工具	4
10. 检索效果评估与提高	检索效果评价指标； 影响检索效果的因素； 提高检索效果的措施	掌握检索效果评价指标；掌握提高检索效果的措施	2～3
总学时			32～36

4. 实施方案

（1）教学组织与实施。

信息检索与利用课程的教学组织与实施方案应当围绕课程目标和学生需求进行设计，以确保学生能够有效地掌握所需的知识和技能。

本课程教学采取每周 2 学时理论教学，1～2 学时实践教学。建议 2 学分，32～36 学时（讲课 16～18 学时，实验 16～18 学时）。理论教学覆盖信息检索的基本概念、原理和方法。实践教学讲授使用各种信息检索工具和数据库的技巧，通过实际案例，分析信息检索的过程和策略。项目实践要求设计小型项目，让学生在实际情境中运用所学知识。实验内容可以由团队成员共同完成，每个团队由 3～4 名学生组成。

本门课程由教师讲解理论知识和技能要点。同时鼓励学生互动讨论，分享信息检索的经验。实践操作则要求在具有互联网功能的计算机教室或实验室进行上机操作，指导学生使用信息检索工具。学生分组进行项目研究，培养学生的团队协作能力。学生在课前预习，课堂时间用于讨论和解决实际问题。

本门课程线上教学资源丰富，可采用课堂教学与线上教学相结合的混合式教学模式。

利用开放资源、在线数据库和搜索引擎和文献管理软件、数据分析工具等软件资源，提高学生满意度，提高教学效率。

鼓励学生参加教师的科研活动，以及计算机设计竞赛。

（2）考核方案建议。

依据本课程教学设计方案的课程目标、教学内容和要求组织考核，采用平时考核和期末考试相结合的形式进行。即

$$总成绩＝平时考核成绩＋期末考试成绩$$

平时考核成绩建议占比为 40%～60%，强化过程化考核。平时成绩来自课堂讨论、作业、实践训练、MOOC/SPOC 线上成绩等。

8.11 数据库与程序设计

1. 课程描述

课程定位：本课程主要介绍数据库系统的基本原理、数据模型、数据库设计以及程序设计与实现技术。内容包括数据库系统基础、结构化查询语言（SQL）、数据库设计、程序设计方法、程序设计基础、数据库应用。重点培养学生分析问题、设计解决方案并实现数据库应用系统的能力。

课程对象：各专业学生。

建议学时：64～72 学时（讲课 32～36 学时，实验 32～36 学时）。

2. 教学目标

掌握数据库系统和关系模型的基本概念，使用 SQL 解决实际复杂工程问题，熟悉整个数据库应用系统的开发过程，开发小型数据库应用系统。

通过本课程的学习，应在知识、能力和素质三方面达到以下基本教学目标。

- **知识目标**：掌握数据库系统和关系模型的基本概念，熟练掌握 SQL 的使用。掌握程序设计的基本方法，包括面向对象程序设计的基本步骤和软件开发的完整过程。
- **能力目标**：掌握数据库设计的步骤和方法，运用 SQL 解决各种应用场景中的复杂工程问题的能力。掌握程序设计、分析和调试的基本方法。通过合作开发一个小型数据库应用系统，以熟悉数据库应用系统开发的全过程。
- **素质目标**：在学习专业知识和技术的同时，提升学生的实际操作能力和综合素质，包括专业性、创造性、严谨性和目标导向性。有助于学生综合运用所学的知识和技能，有效解决数据库与程序设计领域的复杂问题。

3. 教学内容

"数据库与程序设计"课程的知识单元、理论教学内容及实践要求如表 8-10 所示。

表 8-10 课程知识单元、教学内容及实践要求

知 识 单 元	理论教学内容	实 践 要 求	参考学时
1. 数据库系统基础	①数据库系统； ②数据独立性； ③数据模型； ④数据库管理技术的发展； ⑤关系模型； ⑥关系代数	掌握数据库管理系统的安装方法； 熟练使用数据库管理系统的基本使用方法	4～6
2. 结构化查询语言（SQL）	①SQL 基础； ②SQL 的数据定义功能； ③SQL 的数据查询功能； ④SQL 的数据操纵功能	熟练掌握 SQL 的使用	14～16
3. 数据库设计	①数据库设计过程； ②需求分析； ③概念结构设计； ④逻辑结构设计； ⑤物理结构设计	了解数据库设计的一般步骤； 熟练掌握使用 E-R 图对现实世界进行建模，以及从 E-R 图到逻辑模型的转换	8～10
4. 程序设计方法	①程序与程序设计的概念； ②程序与程序设计语言； ③算法； ④软件工程	了解面向对象程序设计的基本步骤与软件开发过程； 了解经典算法的原理	8
5. 程序设计基础	①数据及其运算； ②程序的基本控制结构； ③过程与函数； ④可视化程序设计基础	掌握程序的 3 种基本控制结构； 初步掌握可视化程序开发方法	18
6. 数据库应用	①数据库应用系统需求分析； ②数据库应用系统开发流程； ③数据库编程	熟悉整个数据库应用系统的开发过程； 开发一个小型数据库应用系统实例，包括设计与实现登录、数据查询和数据操作等功能	12～14
总学时			64～72

4. 实施方案

（1）教学组织与实施。

本课程教学采取每周 2 学时理论教学，2 学时实践教学。理论教学将涵盖数据库与程序设计的基本内容，实践教学着重于通过设计和实现具体的编程案例来加深学生对理论知识的理解。实验项目由团队共同完成，每个团队由 1～3 名学生组成。

随着线上教学资源日益丰富，传统的课堂教学与线上资源相结合的混合式教学模式正受到广泛关注。这种模式通过数据驱动和人机交互构建了一个智能化的教育生态系统，是未来教育改革的主要趋势。鼓励教师采用混合式教学，探索提升学生学习成效、增加学生满意度以及提高教学效率的新方法。

鼓励学生积极参与教师的科研项目和计算机竞赛等活动。增强学生的实践能力和创新思维，有助于将课堂学习与实际应用相结合，进一步提升学生的专业技能和综合素质。

（2）考核方案建议。

依据本课程教学设计方案的课程目标、教学内容和要求组织考核，采用平时考核和期末考试相结合的形式进行。即

$$总成绩=平时考核成绩+期末考试成绩$$

平时考核成绩建议占比为 40%～70%，强化过程化考核。平时成绩来自课堂讨论、课内课外作业、实践训练或学生作品，以及 MOOC/SPOC 线上成绩。

8.12 Python 数据分析

1. 课程描述

课程定位：大学计算机基础教学的核心课程，主要以 Python 为教学语言讲授程序设计和数据分析方法，培养利用计算思维和程序设计方法进行数据分析的能力。

课程对象：各专业学生。

建议学时：32～64 学时。

2. 教学目标

掌握 Python 程序设计和数据分析的基本方法，能够编程进行数据分析。

通过本课程的学习，应在知识、能力和素质三方面达到以下基本教学目标。

- **知识目标**：本课程以学习者掌握 Python 语言基本知识和在数据分析领域的实际应用为目的，包括 Python 基本语法、数据获取、数据预处理、数据分析、数据可视化以及机器学习等基本理论与相关技术。
- **能力目标**：本课程以学习者掌握 Python 语言基本知识和在数据分析领域的实际应用为目的，包括 Python 基本语法、数据获取、数据预处理、数据分析、数据可视化以及机器学习相关算法等基本理论与相关技术。能够利用 Python 语言解决简单数学问题和进行数据分析与数据可视化。了解拓展知识和能力的途径，培养自主学习能力、独立思考能力、缜密的思维。能够根据需求，学习相关文档，应用合适的第三方库解决新领域的新问题。
- **素质目标**：在学习知识的同时，强调实际应用能力和综合素质的培养，使学生能够综合运用所学知识和技能解决复杂工程问题。着重培养学生的沟通协作、分析、评价、批判性思维和创造力。

3. 教学内容

"Python 数据分析"课程的知识单元、理论教学内容及实践要求如表 8-11 所示。

表 8-11 课程知识单元、教学内容及实践要求

知识单元	理论教学内容	实 践 要 求	参考学时
1. 数据分析和 Python 概述	数据分析、数据挖掘的基本概念及相关术语，数据分析的基本步骤。Python 第三方库的获取和安装方法。Python 环境，Jupyter Notebook 使用，Python 的基本语法，Python 程序的格式等	掌握 Python 编程软件的使用；能够模仿编写具有基本输入、输出的简单程序，编写带有注释且符合命名规范与编码规范的小程序	2～4
2. Python 基本数据结构与流程控制	Python 的基本数据类型，字符串类型常用操作，运算符和表达式，程序的基本控制结构等	掌握数字、字符串等基本数据类型；初步了解列表；if 选择、for 循环、while 循环；range 对象在循环中的使用，成员测试符 in 在循环语句中的使用，循环代码的优化；break 和 continue 语句的作用等	2～4
3. 函数和程序的异常处理	函数的定义和调用，函数的参数等；匿名函数的定义和调用，了解 map()、reduce()、filter()的使用；了解变量的作用域。程序的异常处理机制	能够定义函数，并在调用函数的过程中传递参数，利用多个函数和匿名函数解决较复杂问题。能使用异常处理结构捕捉和处理常见程序异常问题	4～8
4. 组合数据类型	列表、元组、字典、集合等的数据结构以及它们的创建和基本操作等；字符串常用方法、推导式、迭代式和生成表达式等	使用列表、元组、字典、集合等组合数据类型进行数据处理和解决问题	4～8
5. 基于 numpy 的数据处理	numpy 数组 ndarray 对象操作、numpy 矩阵及操作	使用 numpy 进行数据处理和解决问题	2～4
6. 基于 Pandas 数据分析	Pandas 简介，Pandas 常用数据结构，索引操作，算术运算与常见应用，数据清洗；用 Pandas 进行分组与聚合，用 Pandas 进行数据规整	掌握 Pandas 常用操作，能够使用 Pandas 处理数据和解决问题	4～8
7. 文件操作	文件概念、文件的打开与关闭、文件的读写操作、CSV 格式文件的读写、JSON 格式文件的读写、文件与文件夹的操作	利用 open()函数打开 txt、csv 等文本文件进行读写操作，利用 Pandas 读取 Excel 等类型文件中数据	2～4
8. 网络数据获取	网页下载模块 requests 库及使用，网页解析模块 beautifulsoup4 库及使用，网络文本爬取案例	掌握从网络上爬取网页信息并整理和存储	4～8
9. matplotlib 数据可视化	matplotlib 绘图基础，定性数据可视化，定量数据可视化	利用 matplotlib 绘制函数曲线和对文件中各种数据进行可视化展示	4～8
10. 机器学习库 sklearn	sklearn 基础，数据集准备与划分，模型选择与处理（分类、聚类、回归等），数据预处理，模型调参，模型测试和评价	掌握机器学习的基本概念；基本掌握 sklearn 机器学习库的使用，能够使用 sklearn 解决简单的机器学习问题	4～8
总学时			32～64

4. 实施方案

(1) 教学组织与实施建议。

教师根据校情和学情组织教学,建议安排同步的实验教学,充分应用新兴信息技术组织教学与实践。建议使用支持自动评测的数字化教学平台进行作业和实践训练,提高编程实践能力和交互效率,积累教学过程数据,推进智慧教学。

①理论教学组织。

Python 数据分析的教学组织应匹配社会对学生程序设计能力和数据分析与处理能力的需求,建议在理论教学过程中融合案例进行教学,使学生在案例学习中理解和掌握理论知识,课程按照数据分析的主要步骤,即数据获取、数据处理、数据分析、数据可视化以及机器学习过程为脉络,使学习者由浅入深,在掌握理论基础知识的同时实践能力进一步得到提高。

②实践教学组织。

实践教学将设计性与综合性的实验相结合,采用从易到难的组织方式循序渐进组织教学,将常用知识点融入实践项目中去,通过上机实践培养学生使用 Python 进行数据分析和数据处理的能力,设计与课堂案例配套的实践题目,在实践教学中让学生进一步熟练掌握课堂理论教学的内容。

课程实验应与课堂讲授内容同步,设计或选用配套的实验训练项目,鼓励学生按照"理解、模仿、编写、创新"的方式,逐步深入理解和掌握程序设计和数据分析的思想和方法,掌握 Python 解决数据分析问题的能力。由于本课程的实践性很强,所以要求学生进行大量的编程训练。建议学生在实践课程中完成 2000 行以上的代码训练量,通过 AI 辅助能独立完成单个项目 200 行以上代码的程序设计项目。

(2) 考核方案建议。

依据本课程教学设计方案规定的课程目标、教学内容和要求组织考核,采用过程化考核和终结性考核相结合的形式进行。可参考如下方案。

成绩的组成为过程化考核成绩+期末成绩(机考或闭卷考试)。建议过程化考核成绩建议占比为 40%~70%,强化过程化考核,过程化考核成绩可来自课内研讨、线上学习、实践训练、大作业等多种形式。

期末考试的考试方式建议采用上机考试,主要考核学生的程序设计能力。其题型可全部用编程题或以编程题为主,客观题占比例建议不超过 40%。编程题通过足够数量测试用例进行考核,重点考查学生编程解决问题的能力、缜密的思维、效率意识和分析评价能力。

8.13 数据分析与可视化

1. 课程描述

课程定位:本课程适合作为高等院校计算机基础教育的公共核心课,主要介绍数据分析与可视化的相关概念、原理及其常用技术。内容包括数据思维与大数据基本概念、数据获取、数据加工、数据分析、数据可视化以及数据安全与数据发布。

课程对象：非计算机专业学生。

建议学时：60~72 学时。

2. 教学目标

掌握在大数据分析与处理的完整生命周期中使用的基本思路和基本方法，了解并实践进行大数据分析及可视化的常规方案，以及相应的软硬件环境。

通过本课程的学习，在知识、能力和素质三方面达到以下基本教学目标。

- **知识目标**：了解大数据基本概念、大数据支撑技术简介、信息论基础知识等；掌握数据获取的来源和基本方法；学会数据清洗、数据转换、数据脱敏、数据集成和数据归约等；熟练掌握数据类型、高级函数应用、时间序列预测分析、回归分析和聚类分析等数据分析的概念和方法；熟悉和掌握主流数据可视化工具；理解数据与大数据安全概念，掌握可视化数据的共享方法。
- **能力目标**：提升数据素养，尤其是大数据方面的思维和能力，提高将大数据思维与各学科融合的能力，强化应用数据分析方法与数据可视化技术解决学科问题及生活问题的能力。
- **素质目标**：为学生铺设数据智能时代应有的卓越竞争力和综合领导力阶梯，培养全面发展的社会主义建设者和接班人。

3. 教学内容

"数据分析与可视化"课程的知识单元、理论教学内容及实践要求如表 8-12 所示。

表 8-12　课程知识单元、教学内容及实践要求

知 识 单 元	理论教学内容	实 践 要 求	参考学时
1. 数据思维与大数据基本概念	数据思维概述，大数据的定义、特点和研究目标，大数据支撑技术，信息论简介	了解常用数据集，熟悉信息熵的计算，掌握贝叶斯公式	4
2. 数据获取	数据获取的来源、方法和常用数据集介绍，网络爬虫概念、HTTP 基本原理、网页基本结构、Python 相关库，爬虫工具简介	熟悉 HTML 网页结构，利用 Python 进行网络数据爬取	12~14
3. 数据加工	数据文件格式和数据类型、数据清洗、数据转换、数据脱敏、数据集成、数据归约	用低代码或 Python 语言实现数据清洗、数据转换、数据脱敏、数据集成和数据归约	12~16
4. 数据分析	常见数据分析软件功能简介，时间序列预测分析，回归分析，聚类分析	利用 1~2 种常见数据分析软件进行数据分析实践，能进行时间序列分析、回归分析和聚类分析	14~16

续表

知 识 单 元	理论教学内容	实 践 要 求	参考学时
5. 数据可视化	数据可视化的意义、表现形式和可视化艺术，常见开源数据可视化工具简介，常见商用数据可视化工具简介	创建条形图、折线图、饼图、散点图、甘特图、气泡图、直方图、热图、树状图、靶心图、地图等简单图形，创建帕累托图、瀑布图、南丁格尔玫瑰图、盒须图、雷达图和桑基图等可视化图表，数据可视化综合应用	14～18
6. 数据安全与数据发布	数据安全概念，数据存储安全、传输安全和数据处理安全所面临的问题和相关解决技术，数据可视化分享的常见方案	数据备份，数据可视化结果发布	4
总学时			60～72

4. 实施方案

（1）教学组织与实施。

本课程是一门实践性和应用性很强的课程，必须通过实验环节加深学生对所学理论知识的理解，将数据思维训练落在实处。

本课程教学建议采取 2～4 学分，60～72 学时，其中 30～36 学时为实验或实践课时。本课程实践性和应用性很强，且对具体应用软件具有一定依赖性，建议根据实际情况，选择合适的计算机软件环境，方便学生完成课中和课后实验作业。理论内容与实验内容一一对应，以提高学生的实际应用能力。可以设立作业时间跨度较长的综合性大作业或课程项目，考查学生的设计能力、综合能力和解决实际问题的能力。

可采用线上线下混合式教学，以提高学生的自主学习动力、提高学生满意度、提高教学效率。

鼓励学生参与教师的科研活动，组队进行课程项目或者大作业设计，为后续参加计算机设计竞赛做好铺垫。

（2）考核方案建议。

依据本课程教学设计方案的课程目标、教学内容和要求组织考核，采用平时考核和期末考试相结合的形式进行，即

总成绩＝平时考核成绩＋期末考试成绩

平时考核成绩建议占比为 40%～50%，强化过程性评价。平时成绩可以来自线上或线下的 MOOC/SPOC 方式的课堂讨论、课内课外实验和课内外测验等。

由于本课程具有高度的实践性、综合性以及天然可与专业相结合的特点，期末考核也可以采用开放式的、时间跨度较长的综合性大作业或课程项目形式完成，建议以 3～5 人为一个小组，使学生的团队协作和探索创新能力同时得到锻炼。

8.14 大数据技术及应用

1. 课程描述

课程定位：本课程是高等院校计算机基础教育的一门公共核心课程，主要让学生了解自然科学和社会科学等应用领域中的大数据，培养学生的数据思维，并能根据应用需求，使用相应的数据管理与分析工具，运用数据挖掘算法，实现数据分析和结果的可视化呈现。

课程对象：文科类各专业学生。

建议学时：32~36 学时。

2. 教学目标

了解自然科学和社会科学等应用领域中的大数据，以及大数据技术在各行各业中的应用，培养学生的数据意识和数据思维。了解大数据背景、定义、相关技术、数据分析的过程、大数据实现的基础设施架构。初步掌握数据管理分析及可视化的平台和工具，针对不同应用能运用相关平台工具，采用合适的算法，将理论与实践相结合，实现大数据分析和结果的可视化。

通过本课程的学习，应在知识、能力和素质三方面达到以下基本教学目标。

- **知识目标**：了解大数据背景、定义、相关技术，数据分析的过程，大数据实现的基础设施架构。
- **能力目标**：初步掌握数据管理分析及可视化的平台和工具，针对不同应用能运用相关平台工具，采用合适的算法，将理论与实践相结合，实现大数据分析和结果的可视化。
- **素质目标**：通过对大数据技术在各行各业中的应用的了解和课程的实践，培养学生的数据意识和数据思维，以及学生的协作性、创造性、目标导向性等。

3. 教学内容

"大数据技术及应用"课程的知识单元、理论教学内容及实践要求如表 8-13 所示。

表 8-13 课程知识单元、教学内容及实践要求

知识单元	理论教学内容	实 践 要 求	参考学时
1. 大数据概述	大数据发展背景、大数据的定义、大数据前沿技术		6
2. 大数据分析	大数据应用、大数据分析过程		8~10
3. 大数据分析及可视化实现	数据分析与管理平台简介、数据挖掘算法、数据的可视化	选择两个数据集进行数据分析。分别使用 Python 和可视化平台实现分析及可视化结果	12~14
4. 大数据基础设施架构	Hadoop、HDFS、MapReduce、其他软件		6
总学时			32~36

4. 实施方案

（1）教学组织与实施。

本课程教学采取每周 2 学时教学，其中知识单元 3 部分安排 4~8 学时实践教学。理论教学内容包括大数据概述、大数据分析、大数据分析及可视化实现、大数据基础设施架构等。知识单元 3 部分的实践教学通过让学生动手使用 Python 和可视化平台实现数据分析和可视化结果，加深对理论教学内容的理解。

鼓励学生参加教师的科研活动，以及与大数据相关的学科竞赛。

（2）考核方案建议。

依据本课程教学设计方案的课程目标、教学内容和要求组织考核，综合平时实践、项目报告和项目展示的成果打分。即

$$总成绩＝实践成绩＋项目成绩$$

实践成绩和项目成绩建议各占比 50%。实践成绩建议由学生在知识单元 3 部分完成的指定数据集分析和可视化的实践情况构成，项目成绩建议由团队成员共同完成大数据相关的分析项目构成，每个团队由 2~3 名学生组成。

8.15 虚拟现实技术

1. 课程描述

课程定位：本课程是高等院校新媒体专业或虚拟现实、元宇宙方向学生的基础课程，是其他专业学生的素养类、创新类课程，主要讲授虚拟现实的基本概念、软硬件设备、产业发展及 VR 开发引擎的使用，通过案例引导学习虚拟现实项目的应用开发，为相关专业学习奠定基础，或为未来发展培养应用技术解决问题的综合能力和创新能力。

课程对象：各专业学生。

建议学时：32~36 学时（含实验 6~8 学时）。

2. 教学目标

了解虚拟现实的基本概念、相关软硬件设备发展、产业应用现状等，通过应用 VR 产品开发引擎掌握全景项目、三维模型交互项目两种典型的虚拟现实项目的开发实现，深度了解虚拟现实软硬件环境设置、操作、场景搭建、交互实现、终端发布等技术内容。

通过本课程的学习，应在知识、能力和素质三方面达到以下基本教学目标。

- **知识目标**：了解虚拟现实的基本概念、有关原理、行业发展现状等知识。了解虚拟现实产品开发引擎。掌握虚拟现实关键技术及其应用方法。掌握行业主流虚拟现实项目案例开发流程。
- **能力目标**：能够使用虚拟现实项目开发引擎实现全景项目、三维模型交互项目的综合开发，并能在 PC 端、头盔端等不同终端发布项目。
- **素质目标**：在学习知识和技能的同时，强调综合素质和创新能力的培养，使学生

能够综合运用所学知识和技能解决虚拟现实领域的项目开发和应用创新问题。着重培养学生专业性、协作性、创造性、主动性和目标导向性。

3. 教学内容

"虚拟现实技术"课程的知识单元、理论教学内容及实践要求如表 8-14 所示。

表 8-14 课程知识单元、教学内容及实践要求

知识单元	理论教学内容	实 践 要 求	参考学时
1. 虚拟现实入门	虚拟现实基本概念，VR、AR、MR 的关系与区别，以及国内外应用发展现状，虚拟现实开发原理、体系结构及应用领域，虚拟现实核心技术概述，主流开发工具简介	了解虚拟现实发展的社会背景及技术背景，了解虚拟现实发展的国际与国内现状及动态，了解虚拟现实开发原理及流程，了解虚拟现实开发主流工具	5~6
2. 虚拟现实技术要素	地形系统，渲染系统，物理系统，粒子系统	了解虚拟现实技术要素，学会使用各大要素创建虚拟现实世界	5~6
3. 虚拟全景案例开发	全景视频制作流程、开发工具介绍，全景拍摄设备介绍及外出拍摄，全景视频后期处理	了解虚拟全景视频的应用领域，学习虚拟全景视频开发流程及开发工具使用。使用全景拍摄设备，完成一个虚拟全景视频项目开发	8~9
4. 三维模型交互案例开发	场景导入与烘焙渲染，模型导入及设置，交互设计与开发	学习基于场景交互开发的流程，完成一个虚拟场景的开发与交互实现	10~11
5. 虚拟现实应用发布	基于 PC 端的应用发布，基于虚拟现实头盔端的应用发布	了解虚拟现实主流应用平台，学会在 PC 端和头盔端发布虚拟现实项目	4
总学时			32~36

4. 实施方案

（1）教学组织与实施。

本课程教学采取每周 2 学时理论+实践教学。理论教学包括虚拟现实的基本内容、项目案例讲解、操作演示与验证等，实践教学让学生动手完成两类典型虚拟现实项目的开发，加深对理论的理解和技术的掌握。在项目开发过程中教师需要给予更多方向性和技术性指导和建议。实验内容可以由团队成员共同完成，每个团队由 3~5 名学生组成。

应关注虚拟现实技术和应用发展的最新动态，并及时修订教学内容。有条件的学校可以建设包含虚拟现实硬件环境的实验室，如 VR 头显。可搭配慕课，结合多媒体、录像资料、交互式软件等多种教学手段，通过线上线下混合教学模式、形象直观的教学方法，使学生理解一些难懂的原理和复杂的过程，以及扩展相关知识和技能。

鼓励学生参加教师的科研活动，以及计算机设计竞赛。

（2）考核方案建议。

依据本课程教学设计方案的课程目标、教学内容和要求组织考核，采用平时考核和

课程设计相结合的形式进行。即

$$总成绩＝平时考核成绩＋课程设计成绩$$

平时考核成绩建议占比为 40%～70%，强化过程化考核。平时成绩来自课堂讨论、课内课外作业、实践训练以及 MOOC/SPOC 线上成绩。课程设计为学生通过课程学习组队或独立完成的具有一定创新性和应用价值的 VR 项目。

8.16 计算机艺术基础

1. 课程描述

课程定位：本课程是大学计算机基础教学的创新课程，聚焦计算机艺术领域，通过讲授数字创意工具与技术，培养学生利用计算机技术进行艺术创作的能力。课程将艺术设计与计算机技术相结合，使学生能够在数字环境中发挥创意，解决艺术创作的实际问题。

课程对象：各专业学生。

建议学时：32～64 学时。

2. 教学目标

本课程旨在让学生掌握计算机艺术创作的核心技能，提升在数字艺术领域的创造力。通过本课程的学习，学生应在知识、能力和素质三方面达到以下基本要求。

- **知识目标**：深入了解计算机艺术的基础理论，掌握数字艺术创作的常用工具和软件。学习图像、视频、音频等数字媒体的处理和编辑技术，熟悉不同数字艺术形式的创作流程。掌握数字艺术创作的基本概念、原则和方法，了解数字艺术的前沿技术和发展趋势。
- **能力目标**：培养学生在数字环境中进行艺术创作的实践能力，能够运用所学知识和技能创作具有创新性的数字艺术作品。提升学生的艺术审美能力和创新思维能力，使学生能够将创意转化为实际的数字艺术作品。培养学生的自主学习和独立思考能力，使学生能够不断学习和探索新的数字艺术技术。培养学生分析问题和解决问题的能力，使学生能够应对数字艺术创作中遇到的各种挑战。
- **素质目标**：强调学生的综合素质培养，包括沟通能力、团队协作能力、创新精神和批判性思维等。培养学生的艺术素养和人文素养，使学生具备跨学科的知识结构和综合素质。鼓励学生参与艺术实践和创作，培养学生的实践能力和创新精神，为未来的艺术事业奠定坚实的基础。

3. 教学内容

"计算机艺术基础"课程的知识单元、理论教学内容及实践要求如表 8-15 所示。

表 8-15　课程知识单元、教学内容及实践要求

知识单元	理论教学内容	实 践 要 求	参考学时
1. 数字艺术导论	介绍计算机艺术的概念、发展历程及在现代艺术领域的应用。 阐述数字图像、动画、3D 模型等计算机艺术形式的基础知识和技术	学生需通过案例分析和讨论，理解计算机艺术的特点和价值。 尝试使用简单的工具或软件体验数字艺术的创作过程	2～4
2. 数字图像处理基础	介绍数字图像的基本概念、文件格式和色彩模式。 阐述图像处理的常用技术和工具，如裁剪、调整大小、色彩调整等	学生需使用图像处理软件对图像进行基本的编辑和处理。 尝试通过调整参数和应用滤镜，创作具有独特风格的图像作品	4～8
3. 动画设计基础	介绍动画的基本原理、分类和制作流程。 阐述动画设计中角色设计、场景设计、动作设计等关键要素	学生需使用动画设计软件创建简单的二维或三维动画。 尝试通过设计角色、场景和动作，创作具有故事性的动画作品	6～12
4. 3D 建模与渲染	介绍 3D 建模的基本概念和工具，如多边形建模、NURBS 建模等。 阐述材质贴图、灯光设置、摄像机视角等渲染要素	学生需使用 3D 建模软件创建简单的 3D 模型。 尝试为模型添加材质、灯光和摄像机，并进行渲染输出	4～8
5. 交互艺术基础	介绍交互艺术的概念、发展历程和创作方法。 阐述常见的交互技术，如触摸屏、传感器、虚拟现实等	学生需设计一个简单的交互艺术作品，如触摸屏游戏、传感器响应装置等。 尝试使用不同的交互技术，提升作品的互动性和趣味性	4～8
6. 数据可视化与艺术	介绍数据可视化的基本概念、工具和常用图表类型。 阐述数据可视化在艺术创作中的应用和价值	学生需使用数据可视化工具，如 matplotlib、seaborn 等，对一组数据进行可视化分析。 尝试将数据可视化与艺术创作相结合，创作具有独特视觉效果的作品	4～8
总学时			32～64

4. 实施方案

1）教学组织与实施建议

在计算机艺术基础课程的教学中，教师应根据校情和学情，精心组织教学内容与形式，确保学生能够充分掌握计算机艺术的基础知识和技能。以下是对教学组织与实施的具体建议。

（1）理论教学组织。

- 引言与入门：首先向学生介绍计算机艺术的基本概念、发展历程以及在现代社会中的应用，激发学生对计算机艺术的兴趣和热情。
- 基础知识讲解：详细介绍数字图像处理、动画设计、3D 建模等计算机艺术领域的基础知识，包括常用软件的基本操作、工具使用等。

- 案例分析：通过分析经典计算机艺术作品，让学生了解艺术创作的实际过程，学习如何将创意转化为实际的数字艺术作品。
- 创意激发：引导学生关注当前的艺术潮流和新兴技术，鼓励学生思考如何将新技术应用于艺术创作中，激发学生的创新思维。

（2）实践教学组织。

- 实验项目设计：设计一系列与课程内容紧密相关的实验项目，如图像处理实验、动画设计实验、3D 建模实验等，确保学生能够通过实践掌握所学知识。
- 实践环境搭建：为学生提供充足的实践环境，包括高性能计算机、专业软件等，确保学生能够在良好的环境中进行艺术创作。
- 分组实践：鼓励学生进行分组实践，通过团队协作完成实验项目，培养学生的沟通能力和团队协作精神。
- 实践指导与反馈：教师应定期对学生的实践成果进行检查和指导，及时给予反馈和建议，帮助学生改进不足之处。

（3）新兴信息技术的应用。

- 数字化教学平台：利用支持自动评测的数字化教学平台，进行作业和实践训练的布置与批改，提高教学效率和质量。
- 在线学习资源：为学生提供丰富的在线学习资源，如教学视频、案例分析、学习资料等，方便学生随时随地进行学习。
- AI 辅助创作：引导学生利用 AI 技术辅助艺术创作，如利用 AI 生成图像、音频等素材，拓展学生的创作思路和手段。

2）实践教学环节的具体实施

（1）实验课程与课堂讲授同步。

确保实验课程与课堂讲授内容紧密衔接，让学生在理解理论知识的基础上，通过实践加深理解和掌握。

（2）实验项目的设计与实施。

- 项目选题：根据课程内容和学生兴趣，设计或选用合适的实验项目，确保项目具有挑战性和实用性。
- 项目指导：教师应对实验项目进行详细指导，明确项目要求和评价标准，帮助学生理解项目内容和目标。
- 项目实施：学生按照项目要求，利用所学知识进行艺术创作，教师定期进行检查和指导，确保项目顺利进行。
- 项目展示与评价：项目完成后，组织学生进行项目展示和评价，让学生展示自己的创作成果，同时接受教师和同学的评价和建议。

通过以上实施方案，旨在提高学生的计算机艺术基础知识和技能水平，提升学生的艺术创作能力和实践能力，为学生的未来发展打下坚实的基础。

3）考核方案建议

针对计算机艺术基础课程的特点，考核将全面评估学生的理论知识掌握、实践操作能力和创新设计思维。采用过程化考核与终结性考核相结合的方式，以确保对学生学习成果的全面评价。

成绩的组成为过程化考核成绩 + 终结性考核成绩（项目展示或作品集评审），建议过程化考核成绩占比为 40%～70%，以充分展现学生的学习过程和实践能力。

过程化考核包括以下 4 方面。

- 课内研讨：鼓励学生参与课堂讨论，分享艺术创作的想法和过程，评价学生的思考深度和表达能力。
- 线上学习：通过在线学习平台监测学生的学习进度和作业完成情况，评估学生的自主学习能力和学习效果。
- 实践训练：对学生的艺术作品进行定期检查和指导，评估其技术掌握程度和创作能力。
- 作业：布置与课程内容紧密相关的创作任务，如图像处理、动画设计、3D 建模等，通过作业成果评价学生的实践操作能力。

终结性考核（项目展示或作品集评审）包括以下两方面。

- 项目展示：要求学生以小组或个人形式完成一个完整的艺术创作项目，并在课堂上进行展示。评价项目包括创意性、技术性、艺术性和实用性等方面。
- 作品集评审：学生提交一个包含多个艺术作品的作品集，评审团从作品的创新性、技术难度、艺术价值和整体风格等方面进行评价。

无论是项目展示还是作品集评审，都旨在全面评估学生的艺术创作能力、技术掌握程度和综合素质，鼓励学生在实践中不断探索和创新。

8.17 医学数据挖掘

1. 课程描述

课程定位：本课程是高等院校计算机基础教育的一门公共核心课程，主要讲授医学大数据的数据预处理、回归分析、分类算法、聚类算法、关联规则算法以及数据可视化等，为学生结合本专业从事医学数据挖掘应用领域的工作打下良好基础。

课程对象：各专业学生。

建议学时：52～72 学时。

2. 教学目标

掌握医学数据挖掘的基本概念，掌握医学数据挖掘常用处理方法，培养学生解决具体医学大数据分析与数据挖掘应用的能力。

通过本课程的学习，应在知识、能力和素质三方面达到以下基本教学目标。

- 知识目标：掌握医学数据挖掘的基本概念以及医学大数据的基本数据挖掘方法。

了解医学数据可视化等技术。
- **能力目标**：能够运用 Python 软件对常用的医学数据挖掘算法进行实践操作，能够通过编写程序解决实际医学大数据分析的问题。
- **素质目标**：在学习知识的同时，强调实际能力和综合素质的培养，使学生能够综合运用所学知识和技能解决医学大数据领域的复杂应用问题。着重培养学生的协作性、创造性和目标导向性。

3. 教学内容

"医学数据挖掘"课程的知识单元、理论教学内容及实践要求如表 8-16 所示。

表 8-16 课程知识单元、教学内容及实践要求

知识单元	理论教学内容	实 践 要 求	参考学时
1. 医学大数据概述	医学大数据的概念、种类和特征，常用大数据分析工具	Python 编程基础	2
2. 医学大数据的获取	结构化数据的获取，非结构化数据的获取，生物组学大数据的获取，医学公共数据库的获取	实现各类数据的获取	4
3. 医学数据预处理	数据提取，数据清理，数据变换，数据标准化，数据压缩	用 Python 算法实现	4～8
4. 医学数据特征工程	数据的基本统计描述，基本统计绘图	用 Python 算法实现	2
5. 回归分析	线性回归，非线性回归，logistic 回归	用 Python 算法实现	8～12
6. 分类算法	KNN 模型，贝叶斯分类，决策树，随机森林，支持向量机	用 Python 算法实现	8～12
7. 聚类算法	K 均值聚类，DBSCAN 聚类	用 Python 算法实现	8～12
8. 关联规则	Apriori 算法，FP-Growth 算法	用 Python 算法实现	8～12
9. 数据可视化	统计数据可视化，文本数据可视化，网络关系数据可视化，时空数据可视化	用 Python 算法实现	8
总学时			52～72

4. 实施方案

（1）教学组织与实施。

本课程教学采取每周 2 学时理论教学，1～2 学时实践教学。理论教学覆盖医学数据挖掘技术的基本内容，实践教学通过让学生运用 Python 对常用的医学数据挖掘算法进行实践操作，加深对理论教学内容的理解。

目前线上教学资源丰富，原有课堂教学与线上教学相结合的混合式教学模式受到越来越广泛的关注。建立数据驱动和人机协同的智慧教育生态是未来教学改革的发展方向。从当前线上线下混合式教学效果来看，它提高了学习成绩、学生满意度和教学效率。

鼓励学生参加教师的科研活动，以及计算机设计竞赛。

（2）考核方案建议。

依据本课程教学设计方案的课程目标、教学内容和要求组织考核，采用平时考核和

期末考试相结合的形式进行。即

$$总成绩＝平时考核成绩＋期末考试成绩$$

平时考核成绩建议占比为 40%～70%，强化过程化考核。平时成绩来自课堂讨论、课内课外作业、实践训练或学生作品，以及 MOOC/SPOC 线上成绩。

8.18 医学图像处理

1. 课程描述

课程定位：本课程是高等院校计算机基础教育的一门公共核心课程，主要讲授医学图像处理的基本概念，医学图像变换、增强、分割、三维重建与可视化、配准与融合等，为学生结合本专业从事医学图像处理应用领域的工作打下良好基础。

课程对象：各专业学生。

建议学时：52～72 学时。

2. 教学目标

掌握医学图像处理的基本概念，掌握医学图像常用处理方法，培养学生解决具体医学图像问题的能力。

通过本课程的学习，应在知识、能力和素质三方面达到以下基本教学目标。

- **知识目标**：掌握医学图像处理的基本概念以及医学图像变换、增强、分割、配准与融合等，掌握医学图像处理的基本方法。了解医学图像通信标准、医学图像编码、三维重建与可视化等技术。
- **能力目标**：能够运用 MATLAB 软件对常用的医学图像处理算法进行实践操作，能够通过编写程序解决实际医学问题。
- **素质目标**：在学习知识的同时，强调实际能力和综合素质的培养，使学生能够综合运用所学知识和技能解决医学图像领域的复杂问题。着重培养学生的协作性、创造性和目标导向性。

3. 教学内容

"医学图像处理"课程的知识单元、理论教学内容及实践要求如表 8-17 所示。

表 8-17　课程知识单元、教学内容及实践要求

知识单元	理论教学内容	实践要求	参考学时
1. 医学图像处理概论	医学成像技术的发展，X 射线成像技术，CT 成像技术，MRI 成像技术	医学图像阅读软件，MATLAB 编程基础	2
2. 医学图像处理基础	图像类型与图像格式，图像数字化，数字图像的直方图，图像的色彩空间，图像编码，图像的几何测量，图像的基本运算	MATLAB 环境下医学图像的输入与输出、图像的亮度变换与几何运算（平移、旋转、缩放）等基本运算	4～8

续表

知识单元	理论教学内容	实践要求	参考学时
3. 医学图像变换	傅里叶变换，离散余弦变换，小波变换	用MATLAB算法实现图像变换	8～12
4. 医学图像增强	图像增强的概念、方法分类及图像平滑、图像锐化的概念，灰度变换、直方图均衡化、中值滤波、邻域平均值、梯度法等常用的图像增强方法	用MATLAB算法实现图像增强	8～12
5. 医学图像分割	基于阈值的分割方法，基于边缘检测的分割方法，基于区域的分割方法，基于聚类的分割方法	用MATLAB算法实现图像分割	12～16
6. 医学图像配准与融合	基于基准点的配准方法，基于表面的图像配准方法，基于像素的图像配准方法，基于变换域的图像配准方法，基于深度学习的图像配准方法	用MATLAB算法实现图像配准	8～12
7. 医学图像重建与可视化	医学图像重建方法，医学图像三维可视化	用MATLAB算法实现图像重建与三维可视化	8
8. 医学图像的计算机辅助检测/诊断技术	计算机辅助诊断的概念、步骤、评价指标及应用		2
总学时			52～72

4. 实施方案

（1）教学组织与实施。

本课程教学采取每周2学时理论教学，1～2学时实践教学。理论教学覆盖医学图像技术的基本内容，实践教学通过让学生运用Matlab软件对常用的医学图像处理算法进行实践操作，加深对理论教学内容的理解。

目前线上教学资源丰富，原有课堂教学与线上教学相结合的混合式教学模式受到越来越广泛的关注。建立数据驱动和人机协同的智慧教育生态是未来教学改革的发展方向。从当前线上线下混合式教学效果来看，它提高了学习成绩、学生满意度和教学效率。

鼓励学生参加教师的科研活动，以及计算机设计竞赛。

（2）考核方案建议。

依据本课程教学设计方案的课程目标、教学内容和要求组织考核，采用平时考核和期末考试相结合的形式进行。即

总成绩＝平时考核成绩＋期末考试成绩

平时考核成绩建议占比为40%～70%，强化过程化考核。平时成绩来自课堂讨论、课内课外作业、实践训练或学生作品，以及MOOC/SPOC线上成绩。

8.19 智慧农业导论

1. 课程描述

课程定位：面向农林院校各专业学生讲授，重点加强学生对现代农业的基本认识，对"互联网+"时代背景下，智慧农业生产管理中所应用的检测技术、智慧农业管理等的理解，通过理论联系实际介绍前沿关键技术。

课程对象：农林院校各专业学生。

建议学时：32 学时。

2. 教学目标

通过本课程的学习，应在知识、能力和素质三方面达到以下基本教学目标。

- **知识目标**：课程对智慧农业系统的基本构成进行概述，介绍现代智能化传感技术、控制技术、通信技术等先进技术方法，并以现代农业应用为案例，解析农业生产管理中所应用的关键技术，主要包括卫星定位技术、地理信息系统、遥感技术、面向精细农业的农业信息采集与数据处理技术、变量作业技术和农业装备自动化及机器人技术等。

- **能力目标**：培养学生能够将数学、自然科学、工程基础和智慧农业技术创新与发展专业知识用于解析复杂工程问题的能力；能够对现代信息技术领域的组成进行分析和提炼，对传统农业生产模式提出改进方案，并对可行性进行初步的分析与论证；能够针对复杂农业对象检测问题，选择与使用恰当的技术和资源，并能够理解各类技术应用的优缺点；结合农业对象检测案例，撰写总结分析报告，培养学生具有归纳、整理和分析，并进一步提出发展方向的能力。

- **素质目标**：培养学生的"三农"情怀，建立专业与职业发展的理想，树立科技强国的理念和信心；培养学生敢于探索和质疑、精益求精、勇于创新的精神，促进多元化认知与能力的协同发展；激发学生理论联系实际、不断创新、终身学习的精神。

3. 教学内容

"智慧农业导论"课程的知识单元、理论教学内容及实践要求如表 8-18 所示。

表 8-18 课程知识单元、教学内容及实践要求

知识单元	理论教学内容	实 践 要 求	参考学时
1. 绪论	课程介绍及学习要求；智能化技术与现代农业介绍；农业信息技术体系的发展；传统农业到现代农业变革的技术内涵	了解中国农业信息技术体系的发展历程及对农业和社会发展的影响；理解现代信息技术领域的基本概念和应用前沿	2
2. 精细农业与智慧农业	概述；精细农业发展历程；现代农业技术和装备基础；智慧农业关键技术	了解智慧农业与精细农业的基本概念、发展历程、关键环节和关键技术（概论）；理解智能农业装备中关键技术之间的内在联系	2

续表

知识单元	理论教学内容	实践要求	参考学时
3. 信息与通信技术基础	概述；信息与通信技术发展前沿；信息与通信技术与农业生产；信息与通信技术与农业农村发展	了解信息与通信技术概念、发展历程与应用前沿；理解信息与通信技术的学科组成以及相关技术对农业生产以及农业农村发展的重要性和作用	2
4. 智能感知技术与农业信息获取	农业信息感知基础；智能传感器技术前沿；智能感知与农业信息获取；智能农机装备中的感知技术	了解智慧农业中农田信息智能感知技术相关组成，学习现代传感器技术、现代农业检测技术等概念、原理和应用案例；理解农业智能感知技术应用体系及其解决方案	2
5. 现代通信技术与农业物联网	概述；移动互联技术与物联网；物联网与农业信息感知；物联网与智能农机装备	了解以通信技术和传感器技术为基础的现代物联网技术的概念、原理和发展现状；了解物联网技术在农业不同生产环节中的系统应用与发展前景；理解应用需求和技术发展驱动之间的内部关联	2
6. 大数据技术与智慧农业	概述；大数据的获取与存储；大数据关键技术；大数据技术与智慧农业	了解大数据技术的概念、原理和发展现状；了解大数据获取和处理技术的关键技术（人工智能与数据挖掘技术）；了解大数据技术在农业不同生产环节中的系统应用与发展前景	2
7. 云计算技术与智慧农业	概述；云端计算与边缘计算；云端边技术与智慧农业发展	了解云计算的基本概念；理解云计算、端计算、边缘计算的定义和区别；了解云计算技术与物联网技术在智慧农业中的应用和案例	2
8. 现代智能控制技术农业应用	概述；智能控制技术原理与发展现状；智能控制技术在农业中的应用；智能控制基础与智能农业装备发展	了解现代智能控制技术的概念与发展；理解智能控制技术在农业生产环节系统解决方案实施中的重要作用	2
9. 卫星定位技术农业应用及智能导航技术	概述；卫星定位技术原理与发展现状；卫星定位技术与农业生产；卫星定位与智能农机导航技术实践	了解卫星定位技术概念和原理，学习我国北斗系统的发展现状与前景；理解农业机械智能导航领域中定位技术实施的过程	2
10. 光谱分析与农业遥感检测技术	概述；光谱分析与农业信息智能感知；遥感检测技术与农情信息获取；地—空—星协同感知与智慧农业生产决策	了解光谱检测技术与遥感分析的概念与原理；理解现代农业"地—空—星"协同感知与智能农业生产决策的内涵与彼此的关联	2
11. 现场教学	北斗系统农业应用；光谱遥感技术农业应用	我国北斗卫星系统发展的背景、历程和伟大意义，了解北斗系统给现代农业发展带来的革命性变化；体验光谱遥感等现代信息技术的发展以及对发展智慧农业的作用	2
12. 智能农业装备与机器人技术	概述；农业生产机器人技术基础；智能农机与机器人技术应用前沿；智慧农业中的机器人应用实践	了解智慧农业体系中多种信息技术的融合发展，解析复杂农业生产环节与现代智能农业装备的关键技术；理解现代农业生产机器人创新发展的必要性	2

续表

知识单元	理论教学内容	实 践 要 求	参考学时
13. 智慧养殖及智慧牧场	智慧养殖信息智能获取分析技术；智慧养殖关键技术；畜禽生产机器人技术基础；无人牧场及无人渔场	了解畜禽、水产智慧养殖的发展现状，了解信息与通信技术对我国智慧养殖与智慧牧场发展的作用；理解我国发展智慧养殖与智慧牧场的必要性。了解无人牧场、无人渔场的发展趋势	2
14. 数字乡村与乡村振兴	绿色发展与智慧农业；现代信息通信技术与乡村治理；大数据、物联网与农产品流通；人工智能助力乡村振兴	了解绿色发展与智慧农业的关系及发展现状；了解物联网、大数据、云服务、区块链等现代信息通信技术对乡村治理和农业电商的作用及推动。理解数字孪生、元宇宙等人工智能技术与乡村振兴	2
15. 现场教学	国家级农业示范基地/研究中心现场教学	了解智慧农业关键技术及系统集成；理解智慧农场发展模式和发展趋势	2
16. 智慧农业研究与发展应用案例	智慧农业技术体系综述；智能农业装备集成与产业化发展；智能化信息技术与智慧农场实践（无人农场）；农业生产需求与智能化信息技术发展展望	结合智慧农业生产实际问题，理解并掌握相关关键技术的应用解决的问题与实施的过程；掌握现代农业智能化体系架构的方法、创新性展望未来农业生产升级的潜力，并撰写报告进行科学的分析和总结	2
总学时			32

4. 实施方案

（1）教学组织与实施建议。

课程以课程讲授、研究讨论、国内外教授讲座等灵活多样的形式开展，达到以研讲学、以学促研的效果。融入"互联网+实践"新时代教育理念，推进教学范式改革，引导学生运用新平台新技术开展学习与实践，激发学生对于知识获取方式、学习策略的思考，促进学生树立人机协同与终身学习发展的理念；明确思政育人与专业育人的关系，建立创新型人才培养模式，在教学过程中融入科学研究、技术应用、工程伦理等多元化案例教学与实践环节，综合技能教育、情感教育与价值观教育，实现创新思维、创新人格、创新创业发展能力全面提升的培养目标。

（2）考核方案建议。

依据本课程教学设计方案规定的课程目标、教学内容和要求组织考核，采用终结性考核方式进行。可参考如下方案。

- 考试内容：搜集一个智慧农业应用案例，制作 PPT，汇报案例的地点、时间、场景、解决了什么问题、取得了什么结果、本组的感想和评论。
- 考试要求：以中文或外文论文、新闻报道、视频、书籍等为参考资料，根据内容与所学专业的紧密程度有加分因素。
- 考试方式：在现场教学分组的基础上，每个大组内部自由组合4个小组（10~11人），分组准备，共同发表。可以一个人介绍，也可多人合作发表，每个小组发表时间不超过5分钟，老师点评或提问不超过2分钟。

8.20 教育数字化

1. 课程描述

课程定位：本课程将围绕教育数字化的实施要素，分别从顶层设计、创新应用场景、开发数字资源、提升师资数字素养实现人机融合、提升信息技术在教育数字化的应用能力、增强教育数字化转型等几方面，对教育数字化的概念内涵、战略框架、应用场景、数字资源生成与采集、教师数字素养等进行介绍。

课程对象：各专业学生。

建议学时：32 学时。

2. 教学目标

党的二十大报告中明确提出的"推进教育数字化"要求：推进教育数字化，建设全民终身学习的学习型社会、学习型大国。党的二十大为教育事业明确了新定位，提出了新要求，将教育数字化推向了新高度，并为之指明了新方向。要深入贯彻落实党的二十大精神，持续实施国家教育数字化战略行动，推动教育数字化发展取得新进展，实现新突破。

本课程将围绕教育数字化的实施要素，分别从顶层设计、创新应用场景、开发数字资源、提升师资数字素养实现人机融合、提升信息技术在教育数字化的应用能力、增强教育数字化转型等几方面，对教育数字化的概念内涵、战略框架、应用场景、数字资源生成与采集、教师数字素养等进行介绍。

通过本课程的学习，应在知识、能力和素质三方面达到以下基本教学目标。

- **知识目标**：通过本课程的学习，有助于学生建立较完善的教育数字化顶层设计理念，熟悉数字化教学资源建设与应用，了解数字化校园资源架构与实践部署，树立以数字化思维实现数字化教育的意识和方法，最终为教育数字化的加速转型贡献力量。
- **能力目标**：本课程重在讲授"IT+教育"的学科交叉知识，培养学生使用 IT 技术，特别是人工智能技术解决教育难点问题的能力，使学生认识教育数字化的建设意义，掌握教育数字化系统开发理论与专用技术，奠定从事校本研究和教育设备开发的理论与技术基础，因此本课程培养的是师范类 IT 学科学生安身立命的技能。
- **素质目标**：在学习知识的同时，使学生树立以数字化思维实现数字化教育的意识和方法；强调实际应用能力和综合素质的培养，使学生能够综合运用所学知识和技能解决复杂工程问题。着重培养学生的沟通协作、分析、评价、批判性思维和创造力。

3. 教学内容

"教育数字化"课程的知识单元、理论教学内容及实践要求如表 8-19 所示。

表 8-19 课程知识单元、教学内容及实践要求

知识单元	理论教学内容	实践要求	参考学时
1. 绪论：顶层设计、统筹规划	专题 1—教育数字化课程简介：以"人工智能+教育"的教育产业化为抓手，通过一场学术论战的讨论，构建教育数字化转型的战略框架，把握发展阶段，找准发展路径，数字化赋能教育变革与创新，从信息技术的发展看教育数字化。 专题 2—从争论看教育数字化：主要从教育改革着力点的何—陈争论、计算教育学、教育数字化转型、拍照搜题、移动电子设备进课堂等 5 个争论看教育数字化的研究重点、难点、核心诉求、核心技术		4
2. 教育资源供给：教育数字化转型的重点内容	专题 3—教育供给侧改革：面向国家综合智能教育平台，论述教育资源的类型、汇聚、优化、系统开发与维护等策略。 专题 4—面向教育数字化的知识图谱：为了对课堂教学资源进行基于知识点的碎片化以用于个性化教学推荐，需要建设面向学科的静态图谱，同时为了开展课堂教学过程分析与评价，需要建设面向课堂教学的动态图谱，本节主要讲授建设静态学科知识图谱的数字化技术。 专题 5—面向个性化服务的教学资源碎片化：主要讲授面向不同教学资源种类的碎片化技术，主要使用 PPT、知识图谱、教学活动、课堂日志进行教学视频碎片化，主要讲授如何使用自动语音识别软件和字幕软件生成课堂日志，以及如何在课堂日志上进行教学活动的碎片化		6
3. 智能考测：讲授面向测试与考试的数字化技术	专题 6—拍照搜题与题库建设：讲授题库建设的技术路线，以拍照搜题的底层技术来示范如何从无到有地构建海量题库。 专题 7—智能组卷：基于海量题库，面向不同学生群体，开发突出区分度的智能组卷系统。 专题 8—智能测试与个性化学习：基于智能推荐技术，讲授个性化学习资源推荐。 专题 9—智慧考试：基于 AI 技术，构建智慧考场系统，重点介绍作弊行为自动检测技术		8
4. 智能评价：介绍课堂教学智能评价技术	专题 10—智能评价系统设计与建模：主要讲授课堂教学智能评价系统的需求分析、设计约束、评价指标确定、系统开发流程。 专题 11—智能评教：使用 AI 对教师的教学行为与基本教学技能进行评价。 专题 12—智能评学：使用 AI 对学生的学习行为与情感数据进行采集，进而对学生的学习习惯和学习效果进行评价。 专题 13—智能评课：使用 AI 对教学活动和教学事件进行自动分类与定位，开展面向教学过程的智能评课。 专题 14—智能评估：如何构建智能评估系统，重点讲授学业预测与学业预警技术，使用学生课堂学习行为数据和校园内活动数据、学习背景数据对学生的学业成就进行预测，并发布学业预警		10

续表

知识单元	理论教学内容	实践要求	参考学时
5. 教育创新：分别从教育大模型和数字孪生两个视角讲授教育创新	专题15—教育大模型视域下的智慧教育：从教育大模型视角看智慧教育建设。 专题16—数字孪生视域下的智慧教育：讲授如何使用数字孪生技术构建未来校园/教室，开展虚拟数字人研究，构建明显未来教学的虚拟教师/学伴/助教		4
总学时			32

4. 实施方案

（1）教学组织与实施建议。

本课程教学以专题教学为主要形式，采用课堂教学、讨论教学和案例分享相结合的教学手段以增强教学效果，尽量降低教育类课程的理论务虚性，增加课程的技术实用性。

理论教学部分建议采取系统化的教学方式，从绪论开始，让学生对教育数字化有整体认识，然后逐步深入各个专题。在教育资源供给部分，重点讲述教育资源的类型、汇聚、优化、系统开发与维护等策略，同时引入知识图谱的概念，并讲解如何用于个性化教学推荐。智能考测部分主要讲授面向测试与考试的数字化技术，包括拍照搜题、智能组卷等技术。智能评价部分介绍课堂教学智能评价技术，包括智能评教、智能评学、智能评课和智能评估等环节。教育创新部分则从教育大模型和数字孪生两个视角探讨教育创新的未来趋势。实践教学部分建议设计一系列实验任务，让学生亲自动手操作，通过实验加深对理论知识的理解。同时，建立专业实验室，提供实验所需的软件、工具等。此外，还应与企业合作，引入最新的教育技术与应用案例，丰富实践教学内容。鼓励学生积极参与实践活动，提高动手能力与解决问题的能力，并定期组织学生进行实践成果展示与交流。

（2）考核方案建议。

依据本课程教学设计方案规定的课程目标、教学内容和要求组织考核，采用过程化考核和终结性考核相结合的形式进行。可参考如下方案。

成绩的组成为过程化考核成绩+期末成绩（开卷考试或综合考察），建议过程化考核成绩建议占比为40%～70%。强化过程化考核，过程化考核成绩可来自课内研讨、线上学习、实践训练、作业等多种形式。

第 4 部分　计算机基础教育实施过程中的重要问题

第 9 章 师资队伍建设

教师是办好高等学校的主体,是社会主义教育大军的重要力量。要提高计算机基础教育质量关键在于教师,要努力建设一支高素质、高水平的教师队伍。

9.1 师资队伍基本情况

1. 计算机基础教育的实施单位

目前在多数高等院校中,承担计算机基础教学的单位,有以下几种情况。

(1)由计算机基础教学部或计算中心承担,受学校教务部门直接领导;

(2)由计算机学院(系)统一负责计算机专业和非计算机专业的教学,设立专门负责非计算机专业教学的计算机基础教学团队;

(3)没有专门负责计算机基础教学的单位,由各专业教师承担有关计算机基础教学工作,这种情况常见于艺术类院校。

目前,绝大部分高校都有专门负责计算机基础教育的教学团队。以上三种模式各有优缺点,各校可根据实际情况决定工作方式,以有利于计算机基础教育的开展为原则。

2. 师资队伍现状

多数高校重视计算机基础教育的师资队伍建设,具有素质较好、比较稳定的师资队伍,可以满足教学需要。由于计算机领域发展最为迅速,其对人才需求量最大,所以师资队伍在数量和质量上还存在一些问题亟待解决。这些问题主要体现在以下方面。

(1)学校招生规模大、学生人数多,近几年有部分教师陆续退休,计算机基础教育教师补充不及时,导致一些院校的生师比偏大,教学质量得不到保障。

(2)有些院校的计算机基础教育教师没有工程实践背景,缺乏工程实践经验,没有从事过计算机领域的科学研究和技术开发工作,只能完成基本的书本知识的传授任务,影响了教学质量和人才培养质量。

(3)教师在掌握教育学与教学理论进行教学研究、灵活运用先进的教学方法和数字教育技术方面还有差距。

(4)对实验室队伍培养不够,水平不高,难以满足高质量实践教学的要求。

以上问题需要引起相关院校重视,采取有效措施加以解决。

3. 师资队伍结构

高水平、高素质、结构合理的师资队伍是良好教学质量的重要保障。

20 世纪 80 年代,在计算机基础教育发展的初期,从事计算机基础教育的教师绝大多数是从其他专业改行或兼职的,他们多为中年教师,工作努力、敬业精神强,且有其他专业的背景，能很快地适应工作，开拓了局面，成为各校这个领域的开拓者，为以后的发展打下了很好的基础。经过几十年的发展，现在高校计算机基础教育的师资队伍发生了很大的变化，一大批从计算机专业毕业的学士、硕士、博士充实到计算机基础教育的行列中，使师资队伍的结构和水平有了很大的改观。这些年轻教师精力充沛、思想活跃，是计算机基础教育领域中朝气蓬勃的新生力量。不断补充新生力量，改善师资结构，实现老、中、青三结合，对计算机基础教育的长远发展具有重要意义。

目前，许多学校从事计算机基础教育的教师中的老、中、青的比例和高级职称、中级职称和初级职称的比例大体上是比较合理的。

值得注意的是，由于近几年有部分教师陆续退休、师资补充不及时，有一部分学校从事计算机基础教育的教师缺编，影响着教学改革的深入推进和教学质量的提高。这个问题应该引起相关院校领导的重视。

9.2 师资队伍建设措施

为了实现计算机基础教育高质量和可持续发展的目标，应当注意以下几点。

1. 计算机基础教育的师资队伍应当实现两个三结合

（1）老、中、青三结合。初期，从事计算机基础教育的教师主要来自非计算机专业，他们对开拓各校的计算机基础教育作出了重要贡献。这部分教师多年来积累了丰富的教学经验，对计算机基础教育的特点十分熟悉。认真总结他们的宝贵经验，继承发扬他们的敬业精神和积极主动的改革创新精神，对于建设计算机基础教育的师资队伍是十分必要的。多年来，各校都补充了一批从计算机专业毕业的青年教师，这是好现象。应当提倡、鼓励青年教师安心和热爱计算机基础教育，敬业奉献，钻研教学，改革创新，掌握计算机基础教育的规律和特点。老、中、青都要发挥各自的优势，做到互相学习、取长补短、优势互补。

（2）计算机基础教育的教师、计算机专业教育的教师和各应用专业的教师三结合。要争取计算机专业的教师关心、支持和参与计算机基础教育工作，要综合利用全校的计算机人力和物力资源，这有利于提高计算机基础教育的水平。同时，应当提倡计算机专业的有关领导和教师努力熟悉计算机基础教育的特点和规律，认真研究非计算机专业的需求，避免把计算机专业的思路、做法和要求简单地照搬到非计算机专业。

既然计算机基础教育是面向应用的计算机教育，当然应当与各应用专业的教师结合以便更好地了解各专业的需求，更好地为各专业服务。有的结合专业的计算机应用课程宜由计算机基础课教师和有关专业教师联合讲授或由有关专业的教师独立讲授。

应当有一部分教师既熟悉计算机知识，又了解（或熟悉）有关的专业。目前从事高校专业领域计算机基础教育的教师，许多是计算机专业毕业的，对其他专业不大了解，这就容易出现各专业的教学和计算机基础教育"两张皮"的现象，计算机基础教育难以与有关专业结合，计算机基础教育难以对后续课程和学生综合素质培养发挥有效作用。

在人工智能、大数据、物联网等新一代计算机技术快速发展并在各专业领域广泛深入应用的背景下，应当在计算机基础教学中尽可能地结合各专业的特点进行教学，使学生尽早地了解和熟悉人工智能、大数据、物联网等新一代计算机技术在本专业中的应用以及未来的发展趋势。这就对教师提出了一定的要求，要了解有关专业的特点和培养目标，尽可能懂得一些有关专业的知识。

2. 提高教师的业务水平

要努力提高教师的业务水平。在有条件的学校，应尽可能地组织和鼓励从事计算机基础教育的教师参加有关科研项目和应用系统开发课题。这样做一方面可以使教师本身产生获取新知识的需求和动力，提高创新能力，进而为课程教学带来丰富具体的案例，使计算机基础教学能够密切结合应用实际；另一方面也能使教师得到较多的发表学术论文和科研成果的机会，为以后晋升职称创造有利条件，从而有利于师资队伍的稳定。

3. 更新教学理念和知识结构

在信息技术飞速发展的形势下，特别是在近几年人工智能、大数据、物联网等新一代计算机技术快速发展和广泛应用的背景下，教师需要更新教学理念和知识结构，把新一代计算机技术知识引入教材和课堂教学。为了使教师适应不断提高的教学要求，应当创造条件帮助他们不断学习、更新知识，以实现可持续的发展。应当适当减轻他们的工作负担，可考虑采用学术休假、安排进修工作量或岗位轮换等方式，使他们有条件进行学习和提高。各单位应积极创造条件为他们的业务进修、外出考察、观摩和学习提供更多的机会。

4. 加强爱岗敬业精神的教育

加强对教师爱岗敬业精神的教育。计算机基础教育是高校中重要而平凡的工作，显示度不高，往往不被重视，在工作条件、工资待遇、职称晋升等方面常常会遇到一些不如意的事情。除了要求学校建立必要的政策措施外，特别需要在计算机基础教师中加强思想建设，通过树立典型、表彰先进等方式，使教师充分认识计算机基础教育在培养高素质人才中的重要作用，热爱教学工作，热爱学生，积极进取，任劳任怨，钻研教学，不断探索创新，把看似平凡的工作做成不平凡的事业。近几年，一流课程建设计划、精品在线课程建设计划、高校教师教学创新大赛、青年教师教学基本功比赛等计划和赛事的推出，为计算机基础教育教师提供了更多的展现教学水平和教学成果的舞台和空间，有多位计算机基础教育教师的课程被认定为国家级一流课程，也有多位教师在国家级教学大赛中获奖。

5. 提高实验室人员的业务水平

大力提高实验室人员的业务水平。计算机基础教育的初期和之后的一段时期，大多数实验室人员的学历不高，工作内容仅限于保障实验室设备和软件的正常工作。随着具有计算机专业学历、学位的青年教师的不断加入，实验人员的业务水平有了明显提高。由于计算机基础教育要面向应用，亟须大力加强实践环节，今后要大力提升实验室的作用，为此需要继续提高实验室人员的层次，帮助现有人员提高业务水平。要求实验室工作人员参与新实验的设计与开发，并能够承担计算机基础课程的实验辅导工作。

9.3 虚拟教研室

加强基层教学组织建设，全面提高教师教书育人能力，是推动高等教育高质量发展的必然要求和重要支撑。虚拟教研室是数字化时代新型基层教学组织建设的重要探索。

虚拟教研室是基于现代信息技术组建的新型基层教学组织，是对传统教研室的发展创新，具有人员组成灵活化、组织载体数字化、教研内容多样化、教研方式互动化的特点。虚拟教研室突破了传统教研室的时空限制，允许教师跨越地理界限，通过网络平台进行教学和研究活动。虚拟教研室不仅包括本校教师，还可能包括其他学校或企业的教师，共同围绕某个教学或研究主题进行协作。

2022年2月和5月，教育部办公厅分两批公布了国家级虚拟教研室建设试点名单，"大学计算机课程改革虚拟教研室"（西安交通大学郑庆华教授）、"大学计算机公共课程群虚拟教研室"（北京理工大学薛静锋教授）、"计算思维导论课程虚拟教研室"（哈尔滨工业大学战德臣教授）、"程序设计课程虚拟教研室"（浙江大学何钦铭教授）、"程序设计课程虚拟教研室"（东北大学高克宁教授）、"数据库课程虚拟教研室"（中国人民大学杜小勇教授）、"Python先进计算课程群虚拟教研室"（北京理工大学嵩天教授）、"计算机课程思政虚拟教研室"（桂林电子科技大学董荣胜教授）等一批计算机基础课程（群）虚拟教研室入选。还有一大批计算机基础课程（群）虚拟教研室入选省级、校级虚拟教研室。

虚拟教研室的主要建设任务如下。

（1）创新教研形态。充分运用信息技术，探索突破时空限制、高效便捷、形式多样、线上线下结合的教师教研模式，形成基层教学组织建设管理的新思路、新方法、新范式。

（2）加强教学研究。推动教师加强对专业建设、课程建设、教学内容、教学方法、教学手段、教学评价等方面的研究探索，提升教学研究的意识，凝练和推广研究成果。

（3）共建优质资源。虚拟教研室成员在充分研究交流的基础上，协同共建人才培养方案、教学大纲、知识图谱、教学视频、电子课件、习题试题、教学案例、实验项目、实训项目、数据集等资源，形成优质共享的教学资源库。

（4）开展教师培训。开展常态化教师培训，发挥国家级教学团队、教学名师、一流课程的示范引领作用，推广成熟有效的人才培养模式、课程实施方案，促进一线教师教学发展。

虚拟教研室建设对于计算机基础教育尤为重要，不用说全国范围，全省（市、区）范围内的研讨交流，就是在一个学校范围内，也需要计算机基础教师、计算机专业教师、相关专业的专业教师共同探讨如何提高计算机基础教育教学质量，虚拟教研室为大家提供了非常灵活、方便的研讨交流平台。

第 10 章　教材建设

目前,大多数高校开展计算机基础教育的主要依据是教材。教材是教学指导思想、培养目标、教学要求、教学内容的具体体现,教材是计算机基础教育中的一项基本建设。教材质量在很大程度上影响着教学质量。

教师通过教材全面、具体地理解教学要求与教学内容,以它为依据进行讲授并组织教学活动;学生通过教材学习所规定的知识,以它为依据进行学习。好的教材能全面、准确地体现教学要求,即使教师讲课中有某些不足,学生也能通过自学教材加以弥补。实践表明,选好一本教材对提高教学质量至关重要。没有好的教材,提高教学质量只能是一句空话。

因此,在制定计算机基础教育课程体系和教学基本要求后,最重要的工作就是编写出符合课程体系和教学基本要求的高质量教材。每门课程都应该有经过千锤百炼、经过多轮次教学实践应用的精品教材,以保证教学质量。为此,各高校和出版社做了大量的工作,在高校计算机基础教育领域涌现出了一大批优秀教材。

10.1　计算机基础教育教材的现状

自 20 世纪 80 年代以来,我国高校计算机基础教育的教材建设取得了很大的成绩。首先是解决了从无到有的问题,改变了初期无计算机基础教材或照搬计算机专业教材的状况。在此基础上全国各高校的教师经过多年的不懈努力,在长期教学实践与教学研究的基础上编写了大量适用于计算机基础教育的教材,数量达数千种之多,覆盖了各高校开设的所有计算机基础课程,其中不乏优秀之作。有不少被评为国家级优秀教材、规划教材或省部级优秀教材。

1. 优秀教材的特点

计算机基础教育优秀教材的特点如下。

(1) 针对非计算机专业的教学要求和特点,从实际情况出发编写,摆脱了计算机专业教材的模式和写法。

(2) 紧密结合各专业的需要,编写出版了适用于不同领域(如理工、财经、文科、医学、农林、高职)的教材,实现了分类施教。

(3) 按照面向应用的原则,根据当前和今后应用的需要组织课程内容,突出能力要求,改变了单纯按照知识体系组织教材的做法,更加符合实际需要。

(4) 作者基本上是从事计算机基础教育的一线教师,了解教学需求和学生特点,有丰富的教学经验,使教材符合教学实际。

（5）种类丰富，百花齐放，特点各异。包括必修课、选修课、自学教材、辅导教材、实践教材等不同形式的教材，以及适用于不同类别、不同层次学校使用的教材，提供了多种选择，避免了不同情况的"一刀切"。

2. 教材出版和使用中的问题

从全国整体情况来看，教材建设呈现百花齐放、欣欣向荣的可喜景象。根据调查，多数学校反映已出版的计算机基础教育教材基本上能满足课程教学的需要。但是，随着计算机基础教育整体水平的不断提高和计算机技术的快速发展，师生对教材的内容设计和编写质量提出了更高的要求，同时教材的出版和使用中也出现了一些值得注意的问题。

（1）真正优秀的精品教材数量还不够多。

虽然目前计算机基础教育教材种类繁多、琳琅满目，但公认的真正高水平、高质量的精品教材还不够多。此外，入门层次的教材比较多，提高层次的教材相对比较少。当前的主要问题不是在量，而在质。需要下大力气努力提高教材的质量。

（2）教材内容跟不上计算机技术的发展和应用的需要。

计算机技术发展迅猛，更新速度很快，特别是近些年人工智能、大数据、云计算、物联网、区块链等新一代计算机技术快速发展并在各个领域得到广泛应用，计算机技术与各专业的融合越来越紧密。新工科、新文科、新医科、新农科建设的一项重要内容，就是强化新一代计算机技术对相关专业的支持，使相关专业的学生具备更好的数字素养与技能。但目前不少教材内容不够新颖，更新速度慢，没有及时把人工智能、大数据、云计算、物联网、区块链等新一代计算机技术知识引入计算机基础教材，有的教材虽然引入了一些新技术知识，但内容偏少、偏宽泛、偏理论讲解。真正引入新技术知识，又能适合非计算机专业学生学习需要的教材还不够多。以通俗易懂、理论介绍与案例展示相结合的方式把新一代计算机技术知识引入教材是目前编写计算机基础教育教材的主要任务。

（3）许多教材大同小异，缺乏特色，缺乏新意。

目前不少教材从章节目录到具体内容区别不大、特色不明显，缺乏自己的创新。有的教材定位不明确，例如把高职的教材写成本科教材的翻版或浓缩。应该根据不同的需要，出版内容有别、层次不同、风格各异的教材，应当体现经教学实践证明成功的教学方法和理念。教材应该避免低水平的重复。计算机基础教材应既有广度，又有适当的深度。要形成多层次、多品种、多风格的教材体系，以适应不同类型、不同层次、不同特色学校的需要。

（4）写教材往往一拥而上，缺乏指导。

现在很多出版社都在出版教材，许多教师都在编写教材。有的人以为写教材是很容易的事情，只要自己懂了就可以写。有的人则是根据英文原版教材或软件的帮助系统做简单摘编来编写教材；有的则是按照其他教材摘编而成。经验表明，并不是任何一个教师都能写出优秀教材的，只有具备丰富教学经验的优秀教师才有可能写出优秀的教材。

应当指出，编写教材是一件严肃的工作，写书要对读者负责，绝不能掉以轻心。写书不容易，写出一本好书更不容易。不能普遍号召所有教师都来编写教材。应该选择和推荐学风严谨、学术水平高、教学经验丰富、教学效果好、文字表达能力强的教师编写教材，提倡各校从全国范围内选择适用的优秀教材，以保证教学质量。

(5) 在选择教材上存在着不利于选用优秀教材的现象。

目前，在计算机基础教育的各个领域都有一批优秀教材，但是有的教师却不选用广大师生公认的优秀教材。其中一个重要原因就是在某种程度上存在的"自产自销"的做法。有的学校教师不管条件是否成熟，热衷于自己编写教材，只用自己编写的教材，有的地方几个学校的部分教师联合起来编写教材，自己找出版社出版，实行包销。

为了提高教学质量，为了对广大学生负责，不宜一般地提倡本校的教学都只用本校教师编写的教材，应当确立优先选用优质教材的原则和机制：教材质量第一、教学效果第一，选择教材应当透明公开，注意倾听广大教师和学生的意见建议，有严格而规范的审批手续。

10.2 计算机基础教育教材的评价标准

什么是好教材的标准？教材不是专著，内容绝不是愈深愈好、愈全愈好。不能单纯以学术水平的高低作为衡量计算机基础教育教材的标准。评价一本教材的质量，应当主要看它是否体现了教学指导思想和课程基本要求，是否有利于提高教学质量，是否适合本领域读者的特点。在编写每一本教材时，都应当首先认真考虑教材内容是否能落实教学指导思想，是否能达到课程的基本要求。凡是能较好地实现教学指导思想和课程基本要求、能有效地提高教学质量的教材，就是好教材。

一本好的计算机基础教育教材应当具备以下 5 个要素。

(1) 定位准确。教材要切实针对特定读者对象的特点。写教材前，要十分明确本教材是为哪一部分人写的。要有的放矢，不要不问对象，提笔就写。不同专业、不同层次、不同特点的教学单位对教材的内容和教学方法有不同的要求。不能试图用一本教材去满足所有不同专业、不同层次、不同特点的人的需求。例如，不应按本科教材的思路去写高职教材、按计算机专业教材的思路去写非计算机专业的教材。

(2) 内容先进。能反映计算机科学技术的新成果、新趋势。近几年，人工智能、大数据、云计算、物联网、区块链等新一代计算机技术快速发展并在很多领域得到深入且广泛的应用，计算机技术与各专业的融合愈加密切。目前编写教材要在如何介绍这些新一代计算机技术知识上下功夫，以更好地适应各专业人才培养对计算机技术知识与数字素养的需求。

(3) 取舍合理。要做到"该有的有、不该有的没有"，不片面追求理论高级、贪多求全。既不能太理论化，也不能写成使用手册。

(4) 体系得当。要针对学生的特点，精心设计教材体系，不仅使教材体现科学性和先进性，还要注意逻辑清晰、降低台阶、分散难点，使学生易于理解。

(5) 风格优良。善于用通俗易懂的方法和语言叙述复杂的概念。善于运用形象思维深入浅出地说明问题。善于通过案例（示例）说明一些基本原理。要有较强的文字表达能力，内容介绍富有启发性，有利于激发学习兴趣及创新潜能。

常常有人把教材写成使用手册，包罗万象，对每一个细节都不放过，这是不可取的。应当准确地理解教材的任务，教材不同于手册，手册的任务是给出一个包罗万象的资料库，以便使用者查阅。教材的任务是用读者容易理解的方法介绍有关的基本概念和基本应用，不必贪多求全。

要写好一本教材是不容易的，作者不仅需要熟悉有关的技术内容，还应当研究和掌握计算机基础教材的特点，了解读者对象，研究学习者的认知规律，钻研教学方法，还要学习一些教育学和心理学的知识，当然还应具备较强的文字表达能力。了解现有教材的特点和不足，使新教材能够弥补现有教材的不足，在内容设计和叙述讲解上具有区别于现有教材的特色。

10.3 计算机基础教育教材的建设理念

要根据计算机基础教育的特点，形成编写教材的新理念。

教育部高等学校大学计算机课程教学指导委员会定期发布《大学计算机基础课程教学基本要求》（以下简称《教学基本要求》），全国高等院校计算机基础教育研究会定期发布《中国高等院校计算机基础教育课程体系》（以下简称《课程体系》）。教材编写者要认真学习研究这两个文件，深刻体会其中反映的教学指导思想、课程体系、知识点和教学基本要求并认真落实在所编写的教材中，这对于保证教材质量至关重要。

1. 教材要体现以人为本

教材建设应当体现以人为本的精神。教师不能想讲什么就讲什么，作者不能想写什么就写什么，要换位思考，与读者将心比心，设身处地为读者着想，体谅读者的困难，努力化解难点，帮助读者事半功倍地达到学习目标。

应当经常考虑学生在学习时会遇到什么困难，容易出什么错，他们为什么会弄错，是怎样想的，怎样才能使他们明白。应当是教师围着学生转，作者围着读者转，而不是相反。这里所谓的"转"，并不是形式上的，而是指了解读者、研究读者、贴近读者，帮助读者减少学习中的困难。

当学生学习效果不好时，有的人往往只从学生方面找原因，例如"学习不努力""学习不得法"等，很少从教师方面找原因，例如，教材是否写得晦涩难懂，内容是否脱离实际，教师讲课是否枯燥无味？常常见到这样的情况，两个情况基本相同的班级，由于采用不同的教材，由不同的教师讲授，学生学习效果相差很大。

能否在教材中贯彻以人为本的原则，是教材是否成功、是否受学生欢迎、教学效果是否良好的重要因素。

2. 要努力使复杂的问题简单化，不要使简单的问题复杂化

教材是写给人看的，首先必须使人能看明白，这是最基本的要求。但是，现在有的教材却做不到这点，对一个问题的叙述，看了好几遍还不知其所云。一本教材的读者成千上万，如果一个人浪费一小时，加起来就是成千上万小时，切不可漠然置之。

写计算机基础教材的一个重要原则，应当是不把简单的问题复杂化，而要使复杂的问题简单化。计算机知识（尤其是计算机应用知识）中有许多问题本身并不复杂，但是往往被人为地搞复杂了。在有些书中，有些问题本来用直截了当的方法就可以讲清楚，最后却要兜一个大圈子，有人误认为只有高深、复杂的概念才是水平高。

教材的作者应当下大功夫去构思体系、叙述问题、设计例题（案例）、选择比喻、化解难点。应当在教学和教材中注意采用形象思维方法，用读者易于理解的方式和语言去说明问题。要遵循读者的认知规律，善于用举例说明的方式讲解概念和基本原理，不能只是从理论到理论。在真正深入理解相关内容的基础上，用自己的语言、结合有特色的示例（案例）叙述，不能只是从其他书籍和文献中照抄照转，努力做到深入浅出。

3. 采用"提出问题—解决问题—归纳分析"的三部曲

近年来已出现了一批符合非计算机专业特点的优秀教材，深受师生欢迎，教学效果很好。应当认真总结和广泛推广这些行之有效的经验，使之成为计算机基础教材的主流方法。其中一个重要的经验是：传统的叙述问题的方法是"提出概念—解释概念—举例说明"的三部曲，而对于计算机基础教学，应提倡"提出问题—解决问题—归纳分析"的三部曲，从实际到理论，从具体到抽象，从个别到一般。实践表明：这种方法对于计算机基础教学（尤其是计算机应用教学）是有效的。

10.4 计算机基础教育教材体系

1. 提倡教材多样化

中国幅员辽阔，有东部地区和西部地区；有大城市和中小城市；有理工、农林、医学、师范、财经、文科、艺术、体育等不同类别的专业；有本科和高职不同的层次，情况差别很大。不可能全国都按同一个方案、用同一本教材进行教学，不可能用一两种统编的教材包打天下。在保证质量、突出特色的前提下，应当提倡多样化、多品种、多层次。对同一门课程，可以有不同层次、不同风格、面向不同专业（类）的教材，供各校、各专业（类）选用。每一种教材都有特定的读者对象，应当体现出不同的教学要求、教学内容和写作风格。

在贯彻《教学基本要求》和《课程体系》的前提下，不应当给编写教材划定框框，应该提倡百花齐放、大胆创新。

2. 大力抓好精品教材建设

要以点带面，推动计算机基础教材质量的提高。现在对同一门课程，往往出版了几十种甚至上百种教材。要在百花齐放的基础上不断推出真正的精品教材。

近年来,国家和教育部高度重视教材建设,成立了国家教材委员会,教育部设立了教材局。2019年12月教育部印发《普通高等学校教材管理办法》。通过评选全国优秀教材奖、国家级规划教材等活动,一大批优秀教材脱颖而出,从而形成了以点带面、以质带量的可喜局面。

什么是精品教材?精品教材是最能落实教学指导思想、最能体现教学要求、最能有效地提高教学质量的教材,精品教材是在教学实践中浮出水面的,是读者公认的。对精品教材,要重点宣传与推荐,使大家了解,便于选择。但是推广精品教材的意义绝不仅仅是使各校采用这些教材,因为精品教材也是有限的,不可能满足所有学校、专业(类)的需求。更重要的是要对精品教材进行研究总结,推广经验,要把它作为一项社会财富。要使所有人都了解精品教材是怎样写出来的,对作者有什么要求。推动每一位作者把每一本教材都做成精品。这才是真正的意义。

当然,不能对精品教材采取形而上学的态度,不要绝对化。由于教育部门评定的精品教材数量有限,而且由于各种因素,有的质量很好的计算机基础教材并不一定能评上精品教材,因此不能简单地得出"所有的精品教材都比所有的未评为精品教材的教材好"的结论。精品教材要在教学实践中接受检验。真正的精品教材应当是在教学实践中取得显著效果的教材。不应当把获奖教材与精品教材等同起来。多年来,相关部门、地区、团体设立了多种奖项,标准各异。由于种种原因,在实际上,真正的好教材并不一定都能获奖。事实上,不少未获奖的教材,写得也很好,应当受到重视和鼓励。教材不同于科研,评价教材最重要的依据应当是教学实践,考察它们对教学所起的作用,这是第一位的。

作为作者,应当更加重视和珍惜来自读者的评价和教学实践的效果,这才是最重要的。一本教材可以不必计较是否获奖,但是应当争取成为事实上的精品。

3. 形成立体配套的教材体系

应该提倡组合式的教材(主教材、辅助教材)。为解决信息技术发展很快与教材更新相对较慢的矛盾,可将教材分为主教材和辅助教材两部分。主教材重点阐述基本概念和基本原理,介绍一般方法;具体操作则可在辅助教学资源(如实验教程、辅助教学光盘和慕课网站等)中介绍。主教材用作课堂教学,辅助教材以自学为主,供上机实验用。主教材的修改和出版周期较长,可以相对稳定;辅助教材的推出速度较快,可以随计算机技术的发展及时更新。

要适应现代化教学手段,建设立体化教材。在编写主教材、辅助教材的同时,应当积极开发电子课件、教学资源库、慕课网站等辅助学习手段。

4. 教材建设也是一项科研工作

要写出一本好教材是不容易的。一个教师可能要积累总结多年的教学经验,经过较长时间的潜心思考和精心写作、反复修改才能写出一本好教材。编写教材是一项教学研究工作,也就是一项科研工作。一本好教材所起的作用绝不亚于一项一般的科研项目。学校的主要任务是培养人,教学工作是学校的首要工作,应当鼓励教师把精力放在教学上，在教学领域做出成果。现在有的学校在评定教师职称时，有一些规定不尽合理，如规定教材建设的成果在晋升职称时不起作用或作用很小。在评价教师水平时，一本好教材的作用往往比不上一篇普通的科研论文。许多教师对此很有意见，认为这是不公平的，会严重影响教师从事教学工作的积极性。

衡量一个以教学为主要岗位任务的教师的水平和贡献，应当主要看他在教学工作上的表现。尤其是对于应用型大学和从事基础课程教学的教师，更应当从实际出发，制定合适的政策，把编写教材（尤其是优秀教材）也作为对教师考核和晋升的重要因素之一。

10.5 计算机基础教育新形态教材

随着数字技术与出版业务的深入融合，以数字教材为引领的新形态教材成为目前教材建设的一个重要趋势，也是数字技术与教育教学深度融合的体现。

2023年11月教育部办公厅印发的《"十四五"普通高等教育本科国家级规划教材建设实施方案》（以下简称《实施方案》）中，对新形态教材建设进行了部署。

《实施方案》提出：探索建设一批示范性新形态教材。充分利用新一代信息技术，整合优质资源，创新教材呈现方式，提升教材新技术研发能力和服务水平，以数字教材为引领，建设一批理念先进、规范性强、集成度高、适用性好的示范性新形态教材，探索构建灵活、开放、规范的新形态教材建设与管理运行机制。

《实施方案》对新形态教材的基本要求是：数字教材等新形态教材建设坚持思想性、系统性、科学性、生动性、先进性相统一，应做到结构严谨、逻辑性强、体系完备、资源内容丰富，有效拓展教材功能和表现形态。新形态教材须为具有书号的正式出版物，教材所有数字资源按教材和出版规范编修、审核与管理。数字资源和工具须部署在出版单位自主可控的公共服务平台上，平台按照国家有关规定备案，并确保数字资源安全。

计算机基础课教师，特别是已经编写过高质量纸质教材的计算机基础课教师要积极探索新形态教材的编写，为学生线上线下相融合的学习模式提供更好的教材支持。

第11章 课程建设

进入21世纪,互联网应用发展迅猛,电子商务、网络社交等互联网应用快速崛起,万维网从静态可读的 Web 1.0 时代迈入了以交互为特征的 Web 2.0 时代。信息技术的快速发展也在推动学习方式和教学手段的变革,一种新型的基于互联网的学习方式逐渐兴起,并推动了课程的数字化建设与发展。

11.1 网络课程与精品课程建设

在课堂教学中使用计算机等技术手段的历史较早,最初称为计算机辅助教学(Computer Aided Instruction,CAI),兴起于20世纪50年代末,建立在美国行为主义心理学家斯金纳(Burrhus Frederic Skinner,1904—1990)的程序教学和刺激反应强化学习等行为主义学习理论之上。20世纪80年代,随着微机的发展和普及,以及多媒体技术的发展,CAI 进入实用阶段。同时,认知主义学习理论和建构主义学习理论被应用于 CAI 设计中。

早期的 CAI,通常是在微机上安装 CAI 教学软件,学生通过教学软件进行学习、训练和测试,是传统课堂教学的有力补充,同时,还解决了传统教学过程中一些个性化学习进程控制等教学问题,对提高学生学习效果发挥了特定的作用。随着互联网技术的发展,单机运行的 CAI 软件呈现新的发展方向,即网络化应用,互助学习、个性化学习等学习理论与互联网相得益彰,基于网络的学习迅速崛起,单机运行的 CAI 软件逐渐弱化。

11.1.1 网络课程的形式及特点

网络课程是基于互联网的课程,由课程内容页面及控制教学和学习活动的超链接构成,通常表现为一个网站,学习者通过 Web 浏览器进行学习、交流和测试等学习活动。课程学习页面通常包含文本、图片、动画、视频等丰富多彩的学习内容,同时,通常还具有交互、留言、在线测试等功能,以支持互助学习、个性化学习等学习形式。

网络课程作为一种特定内容的网站,没有固定的组织结构,其内容展示形式、页面之间的导航关系,都由课程设计者和开发者决定。作为课程的一种网络展示形式,一般情况下,网络课程中都包含课程目标、章节目录、章节内容、知识要点、重点难点、单元测验、单元作业、课程考试、教学资源、参考资料、师资介绍等内容模块。这些内容都以网页形式组织,网页之间通过超链接实现内容切换,支持个性化学习和互助学习等学习形式。

网络课程具有开放性、共享性、交互性、自主性和互助性等特点。开放性就是学习者可以通过网络,利用浏览器访问课程网站,支持学习者 7×24 小时的学习。共享性是指学习内容可以支持不同的学习者在线并发学习而互不影响。同时,根据学习理论,网络课程开发者可以在特定的学习内容页面设置交互和转移超链接,从而支持系统交互、个性化和互助学习,使网络课程具有交互性、自主性和互助性的特点。

11.1.2 精品课程建设

在互联网时代,建设适合网络传播和教学活动、内容质量高、教学效果好的优质网络课程有着广泛的教学需要和社会需求。网络课程不仅可以在网络上进行大范围传播,突破时空限制,还可以极大促进优质教学资源的共享和利用,缩小不同地区、不同高校之间教学资源不均衡状况和教学水平差距。

为切实推进教育创新,深化教学改革,促进现代信息技术在教学中的应用,共享优质教学资源,进一步促进教授上讲台,全面提高教育教学质量,造就数以千万计的专门人才和一大批拔尖创新人才,提升我国高等教育的综合实力和国际竞争能力,教育部在"高等学校教学质量与教学改革工程"中开展了精品课程建设工作。2003年4月,教育部下发了《教育部关于启动高等学校教学质量与教学改革工程精品课程建设工作的通知》(教高〔2003〕1号),国家精品课程建设工作正式启动。

国家精品课程的定位是具有一流教师队伍、一流教学内容、一流教学方法、一流教材、一流教学管理等特点的示范性课程。精品课程建设包括6方面内容。

一是教学队伍建设。要逐步形成一支以主讲教授负责的、结构合理、人员稳定、教学水平高、教学效果好的教师梯队,要按一定比例配备辅导教师和实验教师。

二是教学内容建设。教学内容要具有先进性、科学性,要及时反映本学科领域的最新科技成果。

三是要使用先进的教学方法和手段,相关的教学大纲、教案、习题、实验指导、参考文献目录等要上网并免费开放,实现优质教学资源共享。

四是教材建设。要建设或使用精品系列教材,包含多种媒体形式的立体化教材。

五是实验建设。要大力改革实验教学的形式和内容,鼓励开设综合性、创新性实验和研究型课程,鼓励本科生参与科研活动。

六是机制建设。要有相应的激励和评价机制,鼓励教授承担精品课程建设,要有新的用人机制保证精品课程建设等。

国家精品课程建设采用学校先行建设,省、自治区、直辖市择优推荐,教育部组织评审,授予荣誉称号,后补助建设经费的方式进行。国家精品课程分批建设,荣誉称号自该课程项目批准之日起有效期5年。从2003年开始,截至2010年,教育部共组织建设了3909门国家精品课程,750余所高校教师参与了课程建设。在国家精品课程建设的带动下,省级、校级精品课程数量达2万多门。

在国家级、省级、校级精品课建设过程中,不断更新教育教学理念,面向教学过程的应用性和实践性,不断深化教学改革,对于课程建设起到了很好的推动作用,成效显著。首先,通过精品课程建设的引导,调动了教师热心教学的积极性,培养出了一批热心教学，工作责任感强，学术造诣高，教学能力强，教学经验丰富，教学特色鲜明的精品课负责人与主讲教师。打造出了具有良好的团结协作精神，知识结构、年龄结构合理，人员稳定，教学水平高，教学效果好的教学团队。其次，精品课程建设，对教学模式、教学方法与教学手段的改革与创新起到了很好的推动作用，同时，对网络教学平台建设、网络课程相关课程标准、课件库、习题库、试题库、实验指导书、资料库等课程资源建设及应用发挥了重要作用。

11.2 国家精品开放课程建设

在精品课程建设过程中，没有统一的精品课程运行平台，精品课程网站各自运行，暴露出使用和维护上的许多问题，出现了一批"重申报，轻建设"申报型课程，课程开放性不足等，许多精品课程使用不尽如人意。同时，由于各学校办学层次不同，学生学习基础学习能力差异较大，使得精品课程在不同学校之间的应用遇到困难。

2011年10月12日，教育部印发《教育部关于国家精品开放课程建设的实施意见》（教高〔2011〕8号），国家精品开放课程包括精品视频公开课与精品资源共享课，是以普及共享优质课程资源为目的、体现现代教育思想和教育教学规律、展示教师先进教学理念和方法、服务学习者自主学习、通过网络传播的开放课程。教育部对遴选出的课程，采用"建设一批、推出一批"的方式，统一在爱课程网（https://www.icourses.cn/home/）进行共享应用。

11.2.1 精品视频公开课

精品视频公开课是以高校学生为服务主体，同时面向社会公众免费开放的科学、文化素质教育网络视频课程与学术讲座。精品视频公开课着力推动高等教育开放，弘扬社会主义核心价值体系，弘扬主流文化，宣传科学理论，广泛传播人类文明优秀成果和现代科学技术前沿知识，提升高校学生及社会大众的科学文化素养，服务社会主义先进文化建设，增强我国文化软实力和中华文化国际影响力。

精品视频公开课建设以高等学校为主体，以名师名课为基础，以选题、内容、效果及社会认可度为课程遴选依据，通过教师的学术水平、教学个性和人格魅力，着力体现课程的思想性、科学性、生动性和新颖性。精品视频公开课以政府主导、高等学校自主建设、专家和师生评价遴选、社会力量参与推广为建设模式，整体规划、择优遴选、分批建设、同步上网。精品视频公开课主要以网络教育视频课程和学术讲座为主，比精品课程里的课程录像要求更高。

计划在"十二五"期间，建设1000门精品视频公开课，其中2011年建设首批100门，2012—2015年建设900门。建设完成的国家精品视频公开课全部在爱课程网上上线运行，课程涵盖了哲学、经济学、法学、教育学、文学、历史学、理学、工学、农学、医学、管理学、艺术学、就业创业等学科领域。

11.2.2 精品资源共享课

精品资源共享课是以原国家精品课程为基础，主要以资源共享为主，向高校师生和社会学习者提供优质的教育资源服务。精品资源共享课分为国家级精品资源共享课、省级精品资源共享课。精品资源共享课旨在推动高等学校优质课程教学资源共建共享，着力促进教育教学观念转变、教学内容更新和教学方法改革，提高人才培养质量，服务学习型社会建设。

2012年5月21日，教育部办公厅发布了《精品资源共享课建设工作实施办法》的通知，省级教育行政部门依据教育部总体规划，根据区域经济发展和学科、专业布局，制订省级建设规划，组织实施省级精品资源共享课建设和使用，并按照国家级精品资源共享课建设要求择优向教育部推荐课程。从2012年开始，原有的国家精品课程择优升级改造为精品资源共享课，从原国家精品课程以高校教师为服务主体转型为以高校师生和社会学习者为本。截至2014年年底，精品资源共享课申报评审工作告一段落，先后有各级精品资源共享课2882门建设完成，并在爱课程网上线运行。

11.3 慕课与一流课程

2012年，一种被称为"大规模开放网络课程"(Massive Open Online Courses，MOOC，中文简称"慕课")的教学技术手段在美国应运而生。这种基于互联网，可以让成千上万来自世界各地的人参与其中的网络课程形式，一经提出，立刻获得了公众前所未有的强烈关注。许多世界著名大学，包含麻省理工学院、哈佛大学、斯坦福大学等纷纷加入MOOC，建设自己的MOOC运行平台，包括Udacity（斯坦福大学教授Sebastian Thrun等创办，2012年2月上线）、Coursera（斯坦福大学，2012年3月上线）以及edX（麻省理工学院和哈佛大学，2012年9月上线），成为美国MOOC平台的先行者。

2013年，我国的北京大学、清华大学、上海交通大学等985高校也迅速加入相应的MOOC平台，并开始建设自己的MOOC课程。2013年10月10日，基于OpenEdX平台开发的清华大学"学堂在线"MOOC平台上线运行；2014年4月8日，上海交通大学的"好大学在线"MOOC平台上线；2014年5月8日，爱课程网的中国大学MOOC平台上线运行。

11.3.1 慕课及其特点

首先，慕课（MOOC）是网络开放课程，它是教学资源与教学管理平台的综合应用，是一种网络课程新的建设和使用模式。和传统的网络开放课程不同，慕课有以下特点。

（1）规模大，与传统课程只有几十个或几百个学生不同，一门MOOC课程动辄几千人，上万人。

（2）开放性，慕课属于开放课程，学习者不受学校、国籍等各种限制，进行简单账户注册即可学习。

（3）实时性，学习者不受时空限制，可以随时随地访问学习内容。

慕课作为新型课程与教学模式，打破了传统教育的时空界限，颠覆了传统大学课堂教学的教学方式，推动了教学理念、教学方法、教学技术、教学方式、教学模式的变革。信息技术与教育教学深度融合的新探索给中国高等教育"变轨超车"提供了重大机遇。

11.3.2 慕课的发展

从 2013 年开始，随着学堂在线、好大学在线以及爱课程网中国大学慕课的陆续上线运行，我国高校的慕课建设势头迅猛。关于慕课建设，我国制定了一系列政策和指导性文件。2015 年，教育部印发了《关于加强高等学校在线开放课程建设应用与管理的意见》，提出慕课建设要以"高校主体、政府支持、社会参与"为方针，加强应用共享，加强规范建设。2016 年 6 月，印发了《关于中央部门所属高校深化教育教学改革的指导意见》，明确要求部属高校大力推进在线开放课程建设，并提供专项资金和政策保障。2016 年 9 月，印发了《关于推进高等教育学分认定和转换工作的意见》，提出要将学生有组织学习在线开放课程纳入学分管理。

2017 年，教育部启动首批国家精品在线开放课程认定工作。2018 年 1 月 15 日，教育部召开新闻发布会，有 490 门慕课课程被认定为首批国家精品在线开放课程。首批入选课程以本科教育和高等职业教育公共课、专业基础课、专业核心课为重点，其中有中华优秀传统文化课、创新创业课以及思想政治课程，入选的课程质量高、共享范围广、应用效果好、示范性强，从整体上代表了当前我国在线开放课程建设的最高水平。

11.3.3 一流课程

2019 年，教育部印发《关于一流本科课程建设的实施意见》，将一流课程分为 5 类：线上一流课程、线下一流课程、线上线下混合式一流课程、虚拟仿真实验教学一流课程和社会实践一流课程。同时，国家精品在线开放课程认定修改为线上一流课程，建设目标是突出优质、开放、共享，打造中国慕课品牌。实施意见还明确提出经过 3 年左右时间，建成万门左右国家级和万门左右省级一流本科课程。

2020 年 11 月，教育部公布首批国家级一流本科课程名单，一共认定 5116 门课程为首批国家级一流本科课程。其中，线上一流课程 1873 门，虚拟仿真实验教学一流课程 728 门，线下一流课程 1463 门，线上线下混合式一流课程 868 门，社会实践一流课程 184 门。2023 年 5 月，教育部公布第二批国家级一流本科课程名单，共计认定 5750 门课程为第二批国家级一流本科课程。其中，线上课程 1095 门，虚拟仿真实验教学课程 472 门，线上线下混合式课程 1800 门，线下课程 2076 门，社会实践课程 307 门。至此，累计有 2968 门网络课程获评国家线上一流课程。

11.4 课程数字化建设

二十世纪末，微型计算机的快速发展和普及，特别是互联网的出现，也推动了教材形式的变化和课程教学的变化，电子图书、立体化教材逐渐普及，课程数字化开始出现。课程数字化就是利用计算机技术、多媒体技术、网络技术等将传统的课程教学和信息技术有机融合，对教材形式、教学形式、教学手段、学习方式、答疑方式、考试方式等进行改革，从而更好地为教学实施服务，以提高教学效率和教学质量。

课程数字化建设通常分为教学资源建设和教学平台建设两方面。教学资源数字化建设包括教材的数字化、资料的数字化、考试的数字化等。教学平台建设是为了支持教学资源数字化的实施，是教学形式和教学手段数字化建设的基础，包括网络平台、学习系统等。在高校，从网络课程开始，各种各样的网络教学平台不断涌现，特别是慕课平台日渐成熟，为学生的数字化学习、翻转课堂等混合式课堂教学提供了有力的技术支撑。

近年来，教育数字化转型已经成为新时代教育教学改革的重要方向，也涌现出了一大批面向教育教学资源和平台的技术厂商和服务平台，这些平台包括中国大学 MOOC、学堂在线、智慧树等。提供教学系统研发和服务的公司包括科大讯飞、超星等，它们深耕教育教学资源研发与建设、教学平台开发等，为高校的课程数字化和教育教学数字化转型提供了很好的技术支持和服务。特别是随着人工智能的发展，基于知识图谱的课程内容图谱化，教学资源图谱化，和知识图谱支持下的个性化学习、智能答疑等应用研究成为新的热点和发展方向，推动课程数字化和课程教学向更高层次发展。

第 12 章　教学模式与数字化转型

随着新一代信息技术的飞速发展,教育领域逐渐进入数字时代。数字教育不仅把传统教学部分功能迁移到在线平台上,更是教学模式和学习理论的一场变革。本章将从教学环境与教学模式、课堂授课工具、在线教学资源平台、线上线下混合式教学以及 AIGC 技术赋能教与学等方面探讨数字化转型在教育教学中的应用。

12.1　教学环境与教学模式

高校数字校园的基础设施主要包括通信网络、数据中心和教学环境等,它们是数字校园的物理基础。教学环境对教学模式的选择和实施有着重要的影响。在不同的物理环境中,教师需要采用不同的教学模式来适应教学环境的变化,以便于提高教学质量。

12.1.1　教学环境的发展

根据教育教学需要,应深入分析课堂教学、在线教学和混合式教学等多种教学模式的特性,设计或改造信息技术支持的物理学习空间,加强建设网络的虚拟学习空间。教学环境的发展,从以"粉笔+黑板"为主的传统教室开始,发展到"计算机+投影机"的多媒体教室,直到数字时代的智慧教室。通过这一系列的发展和变革,为教育教学创造了一个智能化、人性化的教学环境。

1. 传统教室

传统教室是一种配备了黑板、讲台和课桌椅等装备的教学环境,它适合以讲授为主的教学模式。按照教材编排的顺序进行面对面的讲授,以教师为知识的主要传授者,通过引发学生的学习兴趣、内容讲解与不断的演练来熟悉和掌握相关知识,让学生加强印象与记忆,注重学科知识的获得。

- 传统教室的优点:有利于教师主导作用的发挥,有利于学科知识的系统传授,有利于师生之间的情感交流。在教学过程中,还有利于学生和教师产生灵感、思想相互碰撞,提高学习效率;投资成本低,比较经济。
- 传统教室的缺点:以教师为中心,以教材为中心,重规范、轻创新,以板书讲授为主,费时费力,信息容量小,信息显示形式比较单调、呆板。传统教学的手段单一,很少涉及现代化的教学设备,对教师的素质要求相对较低,对全面提高教师的综合素质是不利的。

2. 多媒体教室

多媒体教室(multimedia classroom)是指与教学、科研交流活动相关的应用场所及其多媒体教学设备集成的一种教学环境。它以通信网络为基础,从环境(如设备)、资源

（如图书、讲义和课件等）到活动（如教学、服务）全部数智化，为促进教学、学术的交流，丰富师生的数字资源提供强有力的支持。

按照使用的功能，多媒体教室可分为演示型多媒体教室、录播型多媒体教室、互动型多媒体教室以及多媒体教室管理控制中心。

演示型多媒体教室主要适用于授课和演讲等教学模式，其基本应用功能包括多媒体素材演示、上网、扩声和大屏幕显示等。

录播型多媒体教室是在演示型多媒体教学环境的基础上配置录播系统，实现课堂教学过程的录制、直播和回放。

互动型多媒体教室是在演示型多媒体教室和录播型多媒体教室的基础上，增加远程互动系统、课堂交互终端和交互软件等，主要适用于案例教学、虚拟教学和网络学堂等教学模式。

多媒体教室管理控制中心是多媒体教学环境的管理控制中枢，主要用于集中管理、控制各种类型多媒体教室的教学设备和教学系统。

3. 智慧教室

智慧教室（smart classroom）是一种智能化的教学环境，它可以是实体的，也可以是虚拟的，或者是虚实结合的混合式教学环境。智慧教学环境是集智能化感知、智能化控制、智能化管理和智能化互动反馈等功能于一体，用于支持教学、科研交流活动的现实空间环境或虚拟空间环境。

智慧教室是多媒体教室的高端形态，它是借助物联网、云计算和人工智能技术构建起来的一种新型教学环境。智慧教室有3个要素，即物理空间、虚拟空间和教育数据。物理空间包括教室基础设施、网络设施、教学设备和传感设备；虚拟空间包括资源服务、教学和学习服务、管理服务和空间服务；教育数据是智慧教室的核心元素，包括认知数据、生理数据、环境数据和教学数据。因此，智慧教室是一种能优化教学内容呈现、便利数字资源获取、促进课堂互动开展，具有情境感知和环境管理等功能的一种教学环境。

智慧教室可分为演示录播型智慧教室、分组研讨型智慧教室、远程互动型智慧教室和虚拟现实型智慧教室等多种类型，图 12-1 是一种分组研讨型智慧教室示意图。

图 12-1　分组研讨型智慧教室

智慧教室作为一种新型的现代化教学手段，体现了教学环境的智慧、教学应用的智慧、互动学习的智慧，它是学校信息化发展到一定程度的内在需求。智慧教室的建设与发展，带动了整个智慧校园的建设。

展望未来，5G+VR 远程互动的 3D 全息教室，线上线下混合式教学的元宇宙课堂为广大师生和公众带来前所未有的学习体验。这些创新的教学环境将彻底颠覆传统的教学模式，让学习变得更加沉浸、互动和个性化。

12.1.2 教学模式的变化

在计算机基础教育中，教学内容的改革是核心，其次是教学模式的改革。教学模式要服务于教学内容，要着眼于复合型创新人才的培养。长期以来，集中授课和上机实践一直是计算机基础教学的两个主要环节。为了进一步提升课堂的教学质量和教学效果，教学模式的改进和变革显得尤为重要。

从早期单纯的"粉笔+黑板"发展到"计算机+投影机"，是教学模式的一次重大变化。信息技术的迅速发展不仅更新了计算机的教学内容，也为计算机教学模式的改革提供了良好的契机和坚实的技术基础。特别是 MOOC 的蓬勃发展和普及，拓宽了教室的边界，改变了师生的时空观念。从"计算机+投影机"发展到 MOOC 在线教育，又是教学模式的一次重大变革。

MOOC 是近十多年来迅速崛起的新型教学模式，它以其独特的魅力，打破了传统课堂人数的限制，实现了全球范围的网络学习。作为一种丰富的数字教学资源，MOOC 可以被广大学习者免费获取，为他们提供了一个新的知识获取渠道和学习模式。这种教学模式的出现，不仅拓宽了教育教学的边界，也促进了知识的普及和传播。

MOOC 的特性表现在以下 3 方面：它有互动性和海量参与者，有大量的教学微视频，有完整的教学过程。MOOC 的教学模式模仿传统课堂教学，设有固定的开课时间，课程教学资源的发布也有具体规划，逐步呈现给学习者。此外，MOOC 同样注重学习效果的检验，设有作业和考试环节，要求在规定时间内完成提交，以确保学习者能够真正掌握所学知识。

随着 MOOC 应用的推广和普及，人们逐渐认识到传统课堂教学的独特价值及其不可替代性。MOOC 热潮趋于理性，促使人们转向研究如何将 MOOC 在线教育与传统教育相结合，以寻求最佳的教学效果。在这种的形势下，一种融合传统课堂与在线教育的混合式教学模式——SPOC 应运而生。

SPOC（Small Private Online Course，小规模私有在线课程），其特色是"小"和"私"。这里的"小"是相对于 MOOC 而言的，学习者人数被控制在几十人到百人范围内，这种规模确保了学习过程的深度交互、积极参与和高完成率。而"私"则意味着课程仅对部分满足条件的学习者开放。将 SPOC 形象地描述为 MOOC+Classroom，不仅凸显了其结合大规模在线课程与传统课堂的优势，也较为准确地传达了 SPOC 作为新型教学模式的核心内涵。

SPOC 的价值取向聚焦于在校学习，它巧妙地利用优质的 MOOC 教学资源，对传统教学模式进行改革和重组，倡导参与式学习和线上线下混合式教学模式。这种改革不仅激发了学生的学习热情，也提高了教学质量。

AIGC（Artificial Intelligence Generated Content，人工智能生成内容）是利用人工智能技术自动生成内容，其主要技术包括自然语言处理、计算机视觉和语音合成。2022 年 ChatGPT 的推出如同蝴蝶效应，引领了 AIGC 的革命性发展。它为教育领域带来了新的教与学工具，有助于教师改革教学模式，提高教学的生动性和直观性。

在人类教育发展的历史长河中，从孔子的杏坛与弟子对话、古希腊苏格拉底的对话式教学，生成课堂已成为一种教育理想。在生成课堂中，师生在互动中共同创造、共享和拓展知识，形成了一种独特的课堂学习环境。目前，生成式人工智能又给课堂插上了智能化动态生成的翅膀。教师在教学中使用生成式人工智能辅助教学，学生在教师的引领下使用生成式人工智能辅助学习。在这种的教学模式中，"师—生—AI"三者互动，相互启迪，共同推动教学流程和内容的动态生成。学生能够通过独立思考和批判性思维，深入理解和探索世界。

AIGC 展现了两方面的优势：一是可以快速生成大量高质量的内容，有效地提升内容创作的效率；二是可以生成富有创造性的内容，为创作者提供启发。因此，AIGC 将成为人工智能技术的下一波浪潮，为教育领域教学模式的变革提供坚实的技术基础。

12.2 课堂授课工具软件

通过深度融合信息通信技术与课堂教学场景，课堂授课工具软件为教学过程带来了全面数据化和全景信息化的支持。它不仅连接了师生的智能终端，强化了课内外师生之间的互动，还充分调动了学生的学习积极性。这一创举精准地把握了大数据时代的教与学，为教育教学改革注入了新的活力。

课堂授课工具是利用云计算技术特性，实现各种线上教学和线下教学的课堂互动教学模式。从软件平台的角度来看，它主要包括三个组成部分，即手机端、桌面计算机端和服务器端。其中，手机端和桌面计算机端直接服务于师生的教学活动，提供了便捷的教学与学习体验；服务器端则负责支撑平台的运行和教学大数据的采集、分析和决策功能。例如，雨课堂、品课和学习通等课堂授课工具被广泛应用于教学内容呈现、课堂互动和学生参与度分析。这些工具软件不仅提升了教学质量，也对教师的数字素养提出了更高要求。

【案例一】 课堂授课工具用于分组研讨型智慧教室，强化了师生互动。

针对项目小组交流讨论的教学场景，课堂授课工具支持分组研讨型教学模式。通过在教师屏运行相应的程序，能够实现教师屏 PPT 画面、学生屏画面同屏播放，实时显示当前正在播放的 PPT 内容，包括版式、教学内容和动画效果，便于学生获得更好的视觉体验。

教师通过教师屏将主题分发到每个小组学生屏上，学生通过学生屏或学生终端可以查看小组主题。通过小组投屏功能，教师可以调用任意一个小组的学生屏画面，并同屏推送至其他小组学生屏上，方便教师灵活选择与听讲小组进行教与学的讨论。

在教学过程中，可以任意挑选多个学生屏画面到教师屏进行同屏对比交流，通过对比不同小组学生的思路，有针对性地进行知识解析和分享，如图12-2所示。

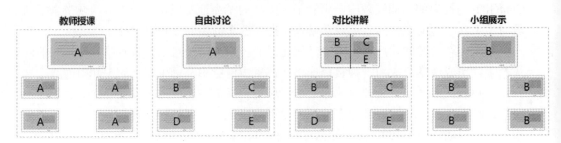

图 12-2　多屏支持的教学模式

在小组研讨过程中，学生可以进行头脑风暴，利用学生个人终端输入观点，小组学生屏呈现，个人观点得以快速展示。另外，学生在个人终端及学生屏还可以进行批注或书写，内容实时展示。

【案例二】　课堂授课工具支持双屏联动教学和飞屏动态效果。

课堂授课工具支持双屏教学，即教师端有相邻两个智慧屏，分别称为主屏和副屏。可以在一个屏幕上打开课件，在另一个屏幕上书写黑板，实现课件和板书同步展示。

双屏可以支持课件上下页联动放映，主屏放映当前课件页面，副屏放映课件上一页面，方便展示更多的课件内容。工具还支持双屏呈现多张课件画面，如图12-3所示。这样，可以让学生观看多页相关的上下文，增加对比分析，提高了教学效果。

图 12-3　教师主副屏呈现多张画面

该工具还支持在教师屏上打开多个文档窗口，将某一窗口从主屏动态飞到副屏上，方便教学所需。课堂直播功能开启后，教师可以把屏幕画面及声音同步直播，学生通过移动端即可收看，满足教育资源共享的需求。

【案例三】　课堂授课工具提供课堂教师提问和学生答题，并进行实时统计分析。

教师发起某个问题,学生通过手机输入主观答案。学生答案将以词云图的形式进行展示,关键词大小一目了然,教师可以点击关键词查看相关答案的详情。教师还可以发起抢答活动,学生通过抢答按钮回答,创造积极主动的课堂氛围。

教师还可以截取屏幕上任意位置的教学内容作为题目,对学生进行提问。学生通过移动终端进行测验答题,这里支持单选题、多选题、判断题等多种题型。所有测试结果和答案数据统计分析都在第一时间反馈给教师,帮助教师收集课堂数据进行针对性讲评。

随着数字教育的不断发展,越来越多的课堂授课工具软件被研发出来,以满足教学的多样化需求。这些工具还涵盖了在线白板、交互式课件和虚拟实验平台等,为教师提供了丰富的教学资源和工具选择。借助于教学大数据,能够精准地描绘师生画像,为个性化学习和精准化指导提供有力支持。

12.3 在线教学资源平台

除了课堂授课工具外,数字化转型还催生了众多在线教育平台或在线教学资源平台。这些在线平台国外有 Udacity、Coursera 和 edX 等,国内以爱课程(中国大学 MOOC)、学堂在线和超星智慧教学系统等为代表。它们汇集了来自世界各地的优质教学资源,包括课程视频、教学文档、讨论区和习题等。学生可以随时随地通过平台获取所需的学习资源,教师也能从中找到适合自己的教学材料。

12.3.1 新一代教学资源平台

教学资源通常是用于教育教学过程中有形的或无形的资源。从广义上说,它包括用于教育教学过程中的一切要素,如人、财、物和信息等;从狭义上说,它包括涉及教学的教材、课件、多媒体素材、案例和题库等,以及能够支持教育教学的各种平台。

教学资源平台是集教学资源、教学应用和教学工具于一体的数字化教学平台。通过使用教学资源平台,可以实现资源共享并提高资源的复用性和扩展性,为教学资源的存储、传播和管理提供方便。

新一代教学资源平台是指借助现代信息技术手段,将教育教学资源和学习工具进行集中整合,并通过云计算方式进行管理和交互的平台。其主要目的是实现学校、教师和学生之间的全方位链接和资源共享,提升教学质量和学习效果,做到精确教与学。

具体而言,新一代教学资源平台具有以下特点。

(1)教学资源共享。

平台将教育教学资源进行数字化整理和存储,实现教学资源的共享和交流。教师可以在平台上分享自己的教学案例和经验,学生可以通过平台获取各种学习资源。

(2)个性化学习。

平台利用大数据和人工智能技术,可以分析学生的学习情况和需求,为教师提供精准的教学建议,为学生推荐适合的学习资源,从而实现个性化学习。

(3)交互式教学。

平台支持在线互动和协作学习,学生可以在平台上进行小组讨论、在线答疑等学习活动,增强学习的互动性和趣味性。

(4)智能评估与反馈。

平台能够自动评估学生的学习成果,为教师提供及时的反馈和建议,帮助教师更好地指导学生学习。

12.3.2 教学资源平台云架构

作为拓展学生学习时空、丰富高校教学资源、整合各种课程资源的教学资源平台,其设计目标如下。

(1)统一、规范地描述各类教学资源数据,整合各种教学资源。

(2)设计和实现一个通用的、可扩展的、基于云计算的教学资源平台。

云计算在教育领域的应用需求主要体现在:云计算降低了高校基础资源建设的软硬件成本,节约资金;云计算有利于高校共享虚拟教学资源,提升教育教学水平;云计算有利于加强高校的教学管理、质量监控与交流协作。因此,教学资源平台云架构如图12-4所示。

用户终端	用户	学生	教师	管理者	校友	访客	…
	终端	手机端	PC端	平板端	大屏端	自助机	
		教学资源平台				业务系统	
应用服务层(SaaS)	云课堂授课系统	课堂登录	课件批注	师生屏互动	课堂直播	OA系统	教务系统
	云教学资源系统	资源制作	学习中心	作业系统	课程回看	学工系统	科研系统
	教学大数据系统	学情分析	教情分析	课情分析	师生画像	校园一卡通	后勤系统
支撑平台层(PaaS)	统一接口	统一身份认证	统一消息平台	统一待办平台	统一电子印章	统一流程平台	
	数据中台	数据抽取	数据融合	数据分析	数据可视化(数字孪生平台)		
	云平台	负载均衡	分布式存储	虚拟化技术	资源动态调度	并行计算	
基础设施层(IaaS)	数据存储	服务器	视频服务器	数据库	教学资源库	数据中心	
	教学环境	智慧教室	多媒体教室	电子考场	综合实验室	集控中心	智慧图书馆
	通讯网络	有线网络	无线网络	感知网络	教学专网	机房	

图12-4 教学资源平台云架构

教学资源平台主要包括云课堂授课系统、云教学资源系统和教学大数据系统。其中,云课堂授课系统包括云课堂服务器端(含教学文件、课件、音视频非线性编辑等)、云课堂学生端(含课表、作业、课堂报告等)和课堂授课工具(含登录、课件批注、师生互动和课堂直播等);云教学资源系统包括资源制作和学习中心、作业系统及自动批阅、智慧题库和考试系统等；教学大数据系统包括学情分析、教情分析、课情分析、师生画像、专业分析和专业认证等。

12.3.3 在线教学资源平台应用

在线教学资源平台以其丰富的课程资源和便捷的学习方式，为广大学生提供了无限的学习空间。2022 年教育部开通国家高等教育智慧教育平台，它汇聚了我国高校的优质课程，为学生提供了突破时空的学习选择。它有两大核心功能服务：一是面向高校师生和社会学习者，提供各类优质课程资源和教学服务；二是面向教育行政部门和高校管理者，提供师生线上教与学大数据监测与分析、课程监管等服务。

国家高等教育智慧教育平台采用了先进的智联网技术，实现了服务智能化、数据精准化和管理全量化。该平台依托人工智能、大数据和云计算等技术，通过搜索引擎、智能推荐等方式，为学习者提供多种符合个性化学习要求的智能服务，优化了用户体验。该平台对课程信息及学习数据进行实时采集、计算和分析，为教师教学与学生学习提供定制化、精准化服务。

国家高等教育智慧教育平台主要有 MOOC 课程、虚拟仿真、教师教研/虚拟教研室、研究生教育和创课平台等。其中，MOOC 平台有爱课程/中国大学 MOOC、学堂在线、智慧树、学银在线、超星尔雅、人卫慕课和优课在线等二十多个平台。教师制作一门 MOOC 课程需要涉及课程选题、知识点设计、课程拍摄和录制剪辑等多个环节，课程发布后教师还需要参与论坛答疑解惑、批改作业等在线辅导工作，直到课程结束颁发证书。每门课程定期开课，学生的学习过程包括观看视频、参与讨论、提交作业和期末考试等多个环节。

据教育部官网报道，国家高等教育智慧教育平台内容不断丰富，已汇聚高等教育优质慕课 2.7 万门，覆盖本科 12 个学科门类，93 个专业类。截至 2023 年年底，平台累计注册用户突破 1 亿，浏览量超过 367 亿次、访客量达 25 亿人次。

12.4 线上线下混合式教学

线上线下混合式教学是借助现代教育技术、信息技术和互联网等技术手段对教学资源进行优化组织、呈现和运用，将传统面对面的课堂教学与网络在线教学进行深度融合，以寻求二者优势互补，实现最佳教学质量和教学效果的一种教学模式。

12.4.1 混合式教学的内涵

混合式教学的概念起源于国外，而国内首次倡导混合式教学的是何克抗教授，他明确指出，混合式教学是将传统教学和网络教学的优势结合起来，既发挥教师引导、启发和监督作用，又充分体现学生作为学习过程主体的主动性、积极性与创造性。

随着教育信息化的不断深入，特别是 MOOC 在线教育平台的蓬勃发展，混合式教学又有新的内涵。根据《教育部关于一流本科课程建设的实施意见》（教高〔2019〕8 号）文件精神，线上线下混合式一流课程主要指基于慕课、专属在线课程（SPOC）或其他在线课程，运用适当的数字化教学工具，结合本校实际对校内课程进行改造，安排20%~50%的教学时间实施学生线上自主学习，与线下面授有机结合开展翻转课堂和混合式教学，打造在线课程与本校课堂教学相融合的混合式"金课"。

混合式教学正不断深化其内涵发展，秉持"以学生发展为本"的教育理念，通过融合移动设备、网络环境和创新教学策略，构建学生高参与度和强体验感的教学环境，力求在人才培养中同时实现知识传授、能力培养和价值塑造。混合式教学模式突破了传统教学的时空限制，改变了教师和学生的角色，学生可以根据自身条件和需要随时随地开展自主的学习，从而提升了学习效率和个性化发展。

12.4.2 混合式教学的实施

混合式教学的实施主要包括课前、课中和课后三个阶段。

1．课前：开展线上学习，初步掌握并理解学习内容

课前阶段主要是做好课堂引入与学习目标两个环节。该阶段组织学生开展线上学习，帮助学生初步掌握并理解学习内容，是学生学习课程内容的基础环节，也是课中、课后阶段能够顺利进行的重要支撑。

2．课中：师生互动讨论，深度把握学习的核心内容

课中阶段主要做好前测和参与式学习两个环节，辅以后测和小结来巩固学习成果。该阶段主要是师生、生生之间就本课程的教学重点、难点以及学生课前学习所遇到的疑难问题进行互动讨论，以使学生能够深度把握学习的核心内容。这一阶段也是学生进行知识内化的关键环节，它有效地连接了课前和课中的学习，起到了承上启下的作用。

3．课后：继续归纳总结，实现巩固与拓展知识内容

课后阶段主要做好后测与课堂总结两个环节。该阶段是在前两个阶段顺利完成的基础上，师生、生生之间借助网络教学平台进行后测反馈，继续归纳总结，实现对核心知识的理解和掌握，同时拓展学生既有的知识体系。此外，教师也可以做一个"隐身导师"，通过交流平台实时监控学生的学习探究过程，从而有针对性地给予学生指导并进行过程性评价。

在混合式教学模式中引入翻转课堂的精髓，是为学生营造个性化的学习环境，赋予他们灵活的学习时间和多元的学习空间。通过课前自主学习，学生可以根据自己的兴趣探索知识，为课堂互动做好准备。在课堂上，鼓励学生发挥学习主动性，激发他们的学习潜力，让每个学生都有机会充分展示和讨论。课后关注知识技能的迁移与应用，确保学生能将所学转化为实际能力。这样的教学模式不仅有助于提升教学质量，更能提高教学效果。

12.4.3 翻转课堂教学模式

翻转课堂（flipped classroom，又称颠倒课堂）的基本思路是把传统的学习过程翻转过来，让学生在课外时间完成针对知识点和概念的自主学习，课堂则变成教师与学生之间互动的场所，主要用于解答疑惑、汇报讨论，从而达到更好的教学效果。

翻转课堂是相对于传统课堂讲授知识、课后完成作业的教学模式而言的。传统教学过程通常包括知识传授和知识内化两个阶段，知识传授是通过教师在课堂中的讲授来完成，知识内化则需要学生在课后通过作业或实践来完成。而在翻转课堂上，这种方式被颠倒，知识传授通过信息通信技术的辅助在课前完成，知识内化是在课堂中经过教师的帮助和同学的协助完成。

学生的差异性一直困扰着教师，翻转课堂作为一种创新的教学模式，能够较好地解决这一难题。其主要表现在以下 4 方面。

（1）个性化学习路径：翻转课堂允许学生根据自己的学习节奏和能力进行学习。通过课前学习教学视频和教学资源，学生可以在自己的时间内反复观看和学习，以满足自己的学习需求。这种个性化的学习方式使得每个学生都能按照自己的步调前进，从而更好地理解和掌握知识。

（2）自主学习能力的提升：翻转课堂强调学生的自主学习和独立思考。学生需要在课前自行学习基础知识，而在课堂上则通过讨论、交流和解决问题来深化理解。这种学习方式培养了学生的自主学习能力，使他们能够更好地管理自己的学习时间，提高学习效率。

（3）满足学生的不同需求：在翻转课堂中，教师可以根据学生的不同需求和水平设计不同的学习路径。对于学习速度快的学生，教师可以提供更多的拓展资源和挑战性问题，以激发他们的学习潜力；对于学习困难的学生，教师可以提供更多的补充材料和针对性的辅导，帮助他们克服学习障碍。

（4）培养批判性思维和问题解决能力：翻转课堂鼓励学生通过独立思考和讨论来解决问题。学生在学习过程中需要不断地分析和评价信息，形成自己的观点和判断。这种学习方式有助于培养学生的批判性思维和问题解决能力，使他们能够更好地应对未来的挑战。

不让一个学生掉队，让每个学生成为最好的自己，这就是翻转课程的目标。

12.5 AIGC 技术赋能教与学

随着 AIGC（Artificial Intelligence Generated Content，人工智能生成内容）的崛起，我们见证了一个令人振奋的"万物皆可生成"新时代的到来。AIGC 融合了自然语言处理、深度学习、计算机视觉和语音合成等技术，赋予计算机系统前所未有的创造力。如今，无论是文本、图像、音频和视频，还是代码、方案、剧本和设计图，AIGC 都能根据人们的需求自主生成，其结构既富有创意又高度逼真。文心一言、腾讯元宝和 ChatGPT 等典型平台已经让人们深刻体验到 AIGC 的无限可能。理解 AI、掌握 AI，甚至与 AI 携手合作，已逐渐成为每个人无法回避的选择。

1. AIGC 的主要功能

AIGC 技术有着强大的功能，以下列举 4 个主要功能。

（1）生成文本。它可以自动生成各种类型的文本，如新闻报道、广告创意、文章摘要、小说、诗歌和代码等。AIGC 平台阅读了巨量的"书"，这些资料有的来自于书籍，有的来自于互联网，它记忆了大量的知识。因此，当你给它一个主题，它就能像泉水一样涌现出相关的句子和段落。

（2）生成图像。AIGC 可以自动生成各种类型的图像，如艺术作品、建筑设计图和医学影像等。就像一个艺术家，AIGC 平台不拿画笔、不用颜料，而是通过学习海量的图像数据，理解了什么是山川湖海、花鸟鱼虫，甚至是科幻世界中的奇观异景。当你给它一个想法或者一句话，它就能绘出相应的画面，展现在你眼前。

（3）生成音乐。AIGC 技术在音乐制作领域有着广泛的应用，包括生成原创音乐，如旋律、和声和节奏。它可以创建独特的样本，为音乐制作人员提供多样化的声音选择，以及生成伴奏。AIGC 技术还可用于自动执行音乐母带处理任务，如均衡、压缩和限制，提高音乐制作的效率和质量。

（4）生成视频。AIGC 结合了深度学习、计算机视觉和自然语言处理等技术，能够自动完成视频剪辑、特效添加和语音合成等任务。它可以自动识别视频中的关键帧和场景，进行智能剪辑和合成，提高视频制作的效率和质量。

综上所述，AIGC 技术在生成文本、图像、音乐和视频等方面展现出广泛的应用价值。这些应用不仅提高了工作效率，也为教育领域注入了新的活力。通过生成高质量教学资源、模拟个性化教学辅导，为学生提供丰富、互动和个性化的学习体验。

2. AIGC 在教育领域的应用

AIGC 技术在教育领域的应用为师生带来了新的教学工具，有助于教师改革教学方法和学生改进学习方法，提高教育的生动性和直观性。同时实现了为教师的教学和学生的学习赋能，降低学生学习和理解新知识的难度。

在数智化高速发展的时代，信息通过互联网实现了快速的分发和传播，AIGC 在信息整合方面展示出超越人类的卓越能力。如果将其用于整理、归纳知识体系，制作教学资源，不仅能降低教师的工作负担，还能提升教学资源的易用性和多样性。例如，某科研院所开发的中文写作智能评阅辅导系统，可以为学生的作文打分，自动定位写作难点，从文章结构、表达、书写等方面提供有针对性的指导建议。

AIGC 技术在教育领域的主要应用如下。

（1）协助备课。它可以根据教学目标、教学内容等信息生成相应的教学计划，并为教师提供通识性和常态化的教学内容，从而帮助教师节省在备课环节花费的时间，也能为教师设计教学方案提供新的思路。

（2）课堂助教。它具有辅助教学的作用，能够作为教师和学生实时交流的平台，为教师和学生共享学习内容提供方便。对教师来说，既可以通过该平台对学生进行实时提问、知识分享和课后辅导，也可以从生成的教学内容中获取课程设计灵感，优化课堂设计。对学生来说，可以通过该平台实时回答教师的问题，也可以借助 AIGC 来理解一些复杂难懂的知识。

（3）作业评测。它能够根据实际教学情况自动生成相应的作业测验和考试内容，为教师评估学生的学习情况提供帮助。具体来说，教师可以借助 AIGC 平台生成与教学文档相关的试题，并利用这些试题来测试学生对教学内容的掌握情况。

（4）辅助学习。它能够在学生学习知识和理解知识的过程中为其提供多样化的解题思路、学习方法和其他信息，增加学习的趣味性，提高学习的个性化程度。让学生能够了解自身的知识掌握情况和学习需求，在此基础上实现自主学习，帮助学生进一步提高学习效率。

AIGC 通过智能化手段，深度整合教学资源，优化教学流程，驱动教育数字化转型。作为教师，应当积极拥抱数字教育，不断学习和探索新的教学模式和技术，以便更好地适应数智时代的教育需求，为学生的学习提供更好的服务和支撑。

未来，人工智能将从以下三方面改变教与学。

一是改变校园环境，把人工智能技术嵌入有形的物理空间和无形的虚拟数据空间中，让校园充满更加智慧、更有温度的服务。

二是改变教师的教，教师当前的主要职责还是在知识的传授上，未来教师的主要任务是创造知识，成为师生人际的连接者，以及复杂模式的判断者。

三是改变学生的学，提供个性化、定制化的学习内容和学习方法，激发学生深层次的学习欲望。通过教学环境的优化设计，沉浸式的感知互动，让学生的学习积极性、体验性、成就感、可理解性更好。

当然，最核心的是改变教育的范式，让人工智能创建未来教育的新范式。

第 13 章　计算机竞赛

学科竞赛已经成为高等学校教学的重要组成部分，成为培养学生综合运用所学知识解决复杂问题能力和创新能力的重要手段，"以赛促学，以赛促创，以赛促教"成为开展各类比赛的初心和目标任务。2020 年 10 月 13 日，中共中央、国务院印发了《深化新时代教育评价改革总体方案》，提出了"坚持科学有效，改进结果评价，强化过程评价，探索增值评价，健全综合评价，充分利用信息技术，提高教育评价的科学性、专业性、客观性"的评价原则，学科竞赛纳入评价学生全面发展水平的重要指标。

13.1　计算机竞赛发展概况

计算机竞赛由于学科和专业培养的特点，比较集中于编程与算法设计、软件与数字产品开发、数字化创新应用等。目前可查的最早的计算机类竞赛为于 1970 年举办的 ICPC（国际大学生程序设计竞赛），截至 2024 年 6 月已经举办 47 届。竞赛采取 ICPC 程序设计竞赛评测系统评判，实时发布各赛队结题结果，避免了人为的主观因素的影响，因此，赛事的公正性和公平性也得到了充分的肯定，备受国际上知名大学和著名信息技术公司的高度关注。1996 年，我国高校正式加入这项顶级程序设计竞赛的行列。

近 10 多年来，由于社会对计算机类人才的迫切需求，许多社会学术团体和知名企业纷纷组织了各种各样的计算机类竞赛，有力推动了计算机竞赛的蓬勃发展。2023 年 4 月 8 日召开的第 58·59 届中国高等教育博览会上，全国高等学校计算机教育研究会、教师教学发展研究国家级虚拟教研室和研究报告专家工作组共同发布了《全国普通高校大学生计算机类竞赛研究报告》（https://rank.moocollege.com/），据不完全统计，目前全国计算机类竞赛数量为 100 余项，其中，《2022 全国普通高校大学生竞赛分析报告》排行榜竞赛内的计算机类竞赛 18 项，观察赛 5 项，如表 13-1 所示。

表 13-1　计算机相关学科竞赛列表

序号	赛项名称	主办方	说明
1	ACM-ICPC 国际大学生程序设计竞赛	国际计算机协会（ACM）	榜单内赛事
2	中国大学生服务外包创新创业大赛	中国大学生服务外包创新创业大赛组委会	榜单内赛事
3	中国大学生计算机设计大赛	中国大学生计算机设计大赛组织委员会	榜单内赛事
4	中国高校计算机大赛——大数据挑战赛	全国高等学校计算机教育研究会	榜单内赛事
5	中国高校计算机大赛——团体程序设计天梯赛	全国高等学校计算机教育研究会	榜单内赛事

续表

序号	赛项名称	主办方	说明
6	中国高校计算机大赛——移动应用创新赛	全国高等学校计算机教育研究会	榜单内赛事
7	中国高校计算机大赛——网络技术挑战赛	全国高等学校计算机教育研究会	榜单内赛事
8	中国高校计算机大赛——人工智能创意赛	全国高等学校计算机教育研究会	榜单内赛事
9	"蓝桥杯"全国软件和信息技术专业人才大赛	工业和信息化部人才交流中心	榜单内赛事
10	全国大学生信息安全竞赛	全国大学生信息安全竞赛组织委员会	榜单内赛事
11	"中国软件杯"大学生软件设计大赛	工业和信息化部/教育部/江苏省人民政府	榜单内赛事
12	华为ICT大赛	华为技术有限公司	榜单内赛事
13	全国大学生嵌入式芯片与系统设计竞赛	中国电子学会	榜单内赛事
14	百度之星·程序设计大赛	百度（中国）有限公司	榜单内赛事
15	全国大学生计算机系统能力大赛	全国高等学校计算机教育研究会	榜单内赛事
16	全国大学生物联网设计竞赛	全国高等学等学校计算机教育研究会	榜单内赛事
17	全国大学生信息安全与对抗技术竞赛	中国兵工学会，中国兵工学会信息安全与对抗专业委员会	榜单内赛事
18	全球校园人工智能算法精英大赛	江苏省人工智能学会，华为终端云服务部华为南京研究所	榜单内赛事
19	全国大学生计算机应用能力与信息素养大赛	全国高等院校计算机基础教育研究会	观察赛事
20	全国大学生软件创新大赛	示范性软件学院联盟	观察赛事
21	全国大学生软件测试大赛	全国大学生软件测试大赛组织委员会	观察赛事
22	全国高校计算机能力挑战赛	全国高等学校计算机教育研究会	观察赛事
23	"新华三杯"全国大学生数字技术大赛	新华三技术有限公司	观察赛事

除上述赛事外，各种社会团体、行业组织、企业、学校也组织了种类繁多的学科竞赛，有些竞赛也在执行过程中因种种原因而退出。

按照计算机类竞赛主要面向对象和竞赛内容的差异，可以将计算机类竞赛分为通识类竞赛、程序类竞赛和专业技能类竞赛。通识类竞赛主要指向通识性计算机知识和技能的竞技，参赛对象一般为非计算机专业学生，如中国大学生计算机设计大赛、全国大学生计算机应用能力与数字素养大赛、"蓝桥杯"全国软件和信息技术专业人才大赛等。

程序类竞赛主要考核大学生或其他计算机爱好者的程序设计能力，如历史久远的ICPC国际大学生程序设计竞赛（包括总决赛和亚太赛）、中国高校计算机大赛的团体程序设计天梯赛、中国大学生程序设计竞赛（CCPC）等。

专业技能类竞赛主要指计算机专项专业技能的角逐，如大数据挑战、机器人技术、物联网技术、人工智能、可视化技术等，如突出人工智能技术的中国机器人及人工智能大赛、中国高校计算机大赛——人工智能创意赛等；突出物联网与移动应用的中国高校计算机大赛——移动应用创新赛等；突出网络安全的全国大学生信息安全竞赛、中国高校计算机大赛——网络技术挑战赛；突出大数据应用的全国高校大数据应用创新大赛等；突出软件开发的中国大学生服务外包创新创业大赛等。

13.2 计算机基础教学典型竞赛

13.2.1 中国大学生计算机设计大赛

中国大学生计算机设计大赛（又称 4C 大赛）是我国最早面向本科大学生的赛事之一，是全国普通高校大学生竞赛排行榜榜单赛事之一，由卢湘鸿教授等发起并逐年发展壮大。自 2008 年开赛至 2019 年，一直由教育部高校与计算机相关教指委等或独立或联合主办，现由中国大学生计算机设计大赛组织委员会主办。大赛的目的是以赛促学、以赛促教、以赛促创，为国家培养德智体美劳全面发展的创新型、复合型、应用型人才服务。

大赛以三级竞赛形式开展，校级赛—省级赛—国家级赛（简称"国赛"）。国赛只接受省级赛上推的本科生的参赛作品。从 2019 年开设，国赛分设上海、济南、沈阳、南京、厦门和杭州 6 个国赛决赛区，分别承担 11 个大类的不同竞赛项目。现有的竞赛项目大类有软件应用与开发、微课与教学辅助、物联网应用、大数据应用、人工智能应用、信息可视化设计、数媒静态设计、数媒动漫与短片、数媒游戏与交互设计、计算机音乐创作、国际生"学汉语，写汉字"。

中国大学生计算机设计大赛自 2008 年创立以来，深受学生欢迎，参与学校越来越多，学生覆盖面越来越广，其影响力越来越大，是目前非计算机类专业学生为主体参与的计算机类重要赛事。竞赛历年参与学校和作品数据统计如表 13-2 所示。

表 13-2 中国大学生计算机设计大赛历年数据统计

年度	国赛入围作品数	国赛学校数	年度	国赛入围作品数	国赛学校数
2008	126	80	2017	2871	435
2009	247	182	2018	2767	496
2010	323	171	2019	4156	600
2011	333	147	2020	4646	817
2012	625	194	2021	5600	830
2013	998	330	2022	6516	850
2014	1794	451	2023	5758	895
2015	1662	389	2024	3756	933
2016	2320	434			

随着当前高校"四新"建设的推进,各学科与新一代信息技术的融合越来越紧密,越来越深入,非计算机类学科学生,特别是文科生参与计算机设计大赛的积极性越来越高,参赛作品质量逐年提高,对各学科人才培养发挥了越来越重要的作用。

13.2.2　全国大学生计算机应用能力与信息(数字)素养大赛

全国大学生计算机应用能力与信息(数字)素养大赛创办于2010年,大赛面向全国各普通高等院校和高等职业院校在校生,包括专科、本科和研究生层次的学生。大赛主办单位为全国高等院校计算机基础教育研究会、全国高等学校计算机教育研究会、工业和信息化职业教育教学指导委员会计算机分委会和《计算机教育》杂志社。

大赛最初由教育部高等学校高职高专计算机类专业教学指导委员会发起并主办,大赛名称为全国高职高专院校计算机综合应用能力大赛,大赛注重学生信息技术基本素养培养,注重和高等院校计算机基础课程紧密结合。近年来,随着社会数字化智能化转型的发展,培养学生数字素养成为提升国民素质、形成新质生产力的重要组成部分和促进人的全面发展的战略任务。为适应这一趋势,自2024年第十四届起,大赛名称更改为"全国大学生计算机应用能力与数字素养大赛",以更好地反映比赛的时代意义和教育方向。

竞赛项目涵盖信息技术基础、低代码编程、数字农林、中华民族文化传承数字艺术、专业信息技术、元宇宙数字人设计、人工智能产业应用等赛道,相关项目的设置旨在进一步增强大学生就业竞争力,提升在校大学生的IT应用和实践综合能力及数字素养。大赛分为初赛、复赛、决赛三个阶段,各赛道分本科组和高职组分别进行竞赛和评奖。

大赛自2010年创立以来,深受广大院校老师及学生欢迎,参与学校越来越多,学生覆盖面越来越广,影响力越来越大。近五届赛事参赛数据如表13-3所示。

表13-3　全国大学生计算机应用能力与信息(数字)素养大赛部分参赛数据

年　度	参赛院校数	初赛人数	决赛人数
2019	379	17177	514
2020	485	11965	405
2021	755	17401	900
2022	898	14045	1036
2023	1871	50507	3242

13.2.3　程序设计类竞赛

程序设计类竞赛是一种选手通过编程解决难题的脑力竞技,是对数学、编程语言、数据结构、算法分析与设计等知识与技能的综合应用。从1970年在美国德克萨斯A&M大学举办的第一届大学生程序设计竞赛开始,各类程序设计赛事在世界范围内开始流行,参赛选手也从在校大学生扩展到了中小学生及职业人士。

1. 中国大学生程序设计竞赛

中国大学生程序设计竞赛（China Collegiate Programming Contest，CCPC）是由中国大学生程序设计竞赛协会主办的面向世界大学生的国际性年度赛事，旨在激励当代大学生运用计算机编程技术和技能来解决实际问题，激发其学习算法和程序设计的兴趣，培养其团队合作意识、创新能力和挑战精神。

CCPC 借鉴 ICPC 国际大学生程序设计竞赛的规则与组织模式，结合国内大学生程序设计竞赛发展需求，组织开展具有中国特色的大学生程序设计竞赛，把竞赛融入中国高校人才培养体系，促进高校教学改革，丰富高校人才培养内涵。CCPC 组委会成员都是多年担任程序设计竞赛教练工作的教学科研一线教师，对中国高校的教学和人才培养有深刻的认知，对竞赛宗旨有高度的认同。这些老师既做教练工作，也承担各类程序设计竞赛的策划和组织工作，诸如校赛、省赛、ICPC 亚洲区预选赛、CCPC 各类赛事等，他们都是核心的组织者和参与者。

首届 CCPC 于 2015 年 10 月在南阳理工学院举办，共有来自 136 所大学的 245 支队伍参赛。从 2016 年第二届 CCPC 开始，每年春季组织若干场省赛和地区赛、一场女生专场赛，秋季组织一场网络选拔赛、三场全国分站赛和一场总决赛，通过网络选拔赛确定分站赛晋级名额，由三场分站赛确定总决赛晋级名额。

2. 团体程序设计天梯赛

团体程序设计天梯赛（Group Programming Ladder Tournament，GPLT）是"中国高校计算机大赛"（China Collegiate Computing Contest，CCCC）最早的三大竞赛模块之一。CCCC 由教育部高等学校计算机类专业教学指导委员会、教育部高等学校软件工程专业教学指导委员会、教育部高等学校大学计算机课程教学指导委员会、全国高等学校计算机教育研究会联合主办，于 2016 年发起。

GPLT 一般每年三四月份举办，比赛旨在提升我国大学生计算机问题求解水平，增强学生程序设计能力，培养团队合作精神，提高大学生的综合素质，同时丰富校园学术气氛，促进校际交流，提高全国高校的程序设计教学水平。

GPLT 是第一个实行个人竞技、团队计分模式的程序设计竞赛。与其他程序设计类竞赛的"拔尖"目标不同，GPLT 要求参赛学校组成多支队伍，每队由 1~10 名队员组成，每位队员的个人成绩之和作为团队的成绩，成绩最好的 3 支队伍分数的总和作为参赛学校的成绩。题目重点考查参赛队伍的基础程序设计能力、数据结构与算法应用能力，通过团体成绩体现高校在计算机基础教学方面的整体水平。

竞赛分为三个组别：珠峰争鼎、华山论剑、沧海竞舟。本科生限参加"华山论剑"组或"珠峰争鼎"组；专科生可参加任一组。

竞赛题目均为在线编程题，由"拼题 A"系统（pintia.cn）提供自动评判。难度分 3 个梯级：基础级、进阶级、登顶级。每场比赛共有 15 题，满分 290 分，比赛时长为 3 小时。比赛的题目难度从初学者难度横跨到算法竞赛顶级难度，所有高校各种能力级别的选手都可以从中得到适合的锻炼。因此辐射较广，实现从专科院校直到"双一流"本科院校的全覆盖。

参 考 文 献

[1] 中国高等院校计算机基础教育改革课题研究组. 中国高等院校计算机基础教育课程体系 2014[M]. 北京：清华大学出版社，2014.

[2] 中国高等院校计算机基础教育改革课题研究组. 中国高等院校计算机基础教育课程体系 2008[M]. 北京：清华大学出版社，2008.

[3] 谭浩强. 研究计算思维坚持面向应用[J]. 计算机教育，2012(11): 45-49,56.

[4] Jeannette M. Wing. Computational Thinking[J]. Communications of the ACM,2006,49(3):33-35.

[5] Peter J. Denning, Craig H. Martell. Great Principles of Computing[M]. MIT Press, 2015.

[6] 陈国良，等. 计算思维与大学计算机基础教育[J]. 中国大学教学，2011(1): 7-11,32.

[7] 陈国良，等. 大学计算机素质教育：计算文化、计算科学和计算思维[J]. 中国大学教学，2015(6): 9-12.

[8] 陈国良，等. 大学计算机：计算思维视角[M]. 2版. 北京：高等教育出版社，2014.

[9] 陈国良，等. 中国高校计算机教育发展史[M]. 北京：高等教育出版社，2022.

[10] 李廉. 计算思维：概念与挑战[J]. 中国大学教学，2012(1): 7-12.

[11] 李廉. 计算思维2.0与新工科[J]. 计算机教育，2020(6): 30-34.

[12] 王飞跃. 从计算思维到计算文化[J]. 中国计算机学会通讯，2007.3(11): 72-76.

[13] 王飞跃. 面向计算社会的计算素质培养：计算思维与计算文化[J]. 工业和信息化教育，2013(6): 4-8.

[14] 九校联盟（C9）计算机基础教学发展战略联合声明[J]. 中国大学教学，2010(9): 4,9.

[15] 何钦铭. 计算机基础教学的核心任务是计算思维能力的培养——《九校联盟（C9）计算机基础教学发展战略联合声明》解读[J]. 中国大学教学，2010(9): 5-9.

[16] 桂小林. 浅谈如何提高学生的系统思维能力[J]. 中国计算机学会通讯，2013.9(2):71-73.

[17] 王志强. 基于计算思维的计算机基础课程改革研究[J]. 中国大学教学，2013(6): 59-60,36.

[18] 郝兴伟. 智能时代计算机通识教育的改革探索[J]. 中国大学教学，2019(7-8): 72-74.

[19] 刘贵松. 大学计算机系列课程改革思考[J]. 中国大学教学，2012,(11): 39-41.

[20] EDUCAUSE. 2024 EDUCAUSE Horizon Report | Teaching and Learning Edition. https://library.educause.edu/-/media/files/library/2024/5/2024hrteachinglearning.pdf.

[21] 钟晓流，等. 多媒体教学环境设计要求. 中华人民共和国国家标准. GB/T 36447-2018.

[22] 钟晓流，等. 智慧校园总体框架. 中华人民共和国国家标准. GB/T 36342-2018.

[23] 陈玉琨，等. 慕课与翻转课堂导论[M]. 上海：华东师范大学出版社，2014.

[24] 张锦，等. 混合式教学的内涵、价值诉求及实施路径[J]. 教学与管理，2020(9): 11-13.

[25] 杨爱喜，等. AIGC 革命：Web3.0 时代的新一轮科技浪潮[M]. 北京：化学工业出版社，2023.

[26] 中国高等教育学会"高校竞赛评估与管理体系研究"工作组. 全国普通高校大学生竞赛蓝皮书（2022 版）[M]. 杭州：浙江大学出版社，2023.

[27] 何钦铭. 高校计算机类竞赛数据分析与分级评估. 计算思维与赋能教育会议，长春，2023.

[28] 全国高校计算机基础教育研究会. 全国高校计算机基础教育研究会成立 25 周年纪念集[M]. 北京：清华大学出版社，2008.

[29] 中国互联网络信息中心. 第 53 次中国互联网络发展状况统计报告. https://www.cnnic.net.cn.

[30] 王咏，周斌. 新一代信息通信技术对数字经济产业化的影响[M]. 南京：东南大学出版社，2023.

[31] 邓小飞，许广彬. 信创产业导论[M]. 北京：人民邮电出版社，2022.